Jagender Hund?

Jagdverhalten formen statt unterbinden

Kynos

© 2018 KYNOS VERLAG Dr. Dieter Fleig GmbH
Konrad-Zuse-Straße 3, D-54552 Nerdlen/Daun
Telefon: 06592 957389-0
Telefax: 06592 957389-20
www.kynos-verlag.de

Grafik & Layout: Kynos Verlag

Gedruckt in Lettland

ISBN 978-3-95464-166-6

Bildnachweis: Alle Fotos Florin Hirnschall außer: S. 11, 25, 33 (Goldie unten), 36 Claudia Blahout; S. 67, 113, 183 August Sachseneder; S. 19 Adobe Stock/sduben; S. 20 Adobe Stock/jimcumming88; S. 22 Adobe Stock/Photohunter; S. 23 Adobe Stock/Philippe Minisini; S. 39 Adobe Stock/kateleigh

Illustrationen S. 80, 82, 124, 125, 128–129, 131, 134, 136, 139, 141 Clem Davis; S. 147, 152 Florin Hirnschall; alle anderen Nicole Hilgers

Inhaltsverzeichnis

Vorwort

Hunde sind aus unserer heutigen Gesellschaft nicht wegzudenken. In den meisten unserer beliebten Begleithunderassen steckt genetisch eine gehörige Portion Jagdpassion und diese führt immer wieder zu entsprechenden Überraschungen im Alltag und natürlich in stressbedingten Ausnahmesituationen.

Wir müssen erstens Wissen um Rasse und Individuum sammeln und zweitens das genaue Beobachten unseres vierbeinigen Gefährten lernen und jede Bewegung deuten können, um mögliche Aktionen des Hundes frühzeitig zu erkennen und präventiv zu reagieren.

Genau hier liegt die Lösung für viele anstehende Probleme mit unseren Vierbeinern.

In diesem Bewusstsein widmet sich das vorliegende Buch mit Akribie und hervorragender Methodik dem Aufbautraining zur Beherrschung und gleichzeitigen Bewahrung der Jagdappetenz unserer Hunde.

Neben historisch Wissenswertem erhalten die Leser Einblicke in diverse Verhaltensmuster unserer Hunde. Durch genaue Beschreibungen unterschiedlicher Individualtypen wird auch die eigene Beobachtungskompetenz gefordert und gefördert.

Die detaillierte Auflistung notwendiger Trainingsschritte machen in ihrer logischen Konsequenz Lust auf diese Trainingsmethode.

Ist das Buch einerseits für die Formung und Beherrschung passionierter Hunde im normalen »Begleithundeeinsatz« höchst hilfreich und notwendig, erfreut es andererseits auch den versierten Jagdhundetrainer und ermuntert zur Verwendung der JAA-Methode im Bereich des Verweisertrainings für den jagdlichen Einsatz.

In Zeiten rigider Gesetzgebung in Tier- und Naturschutzangelegenheiten bietet das Buch eine empfehlenswerte Alternative in Sachen Hundetraining. Bei Einhaltung der angeführten gesetzlichen Rahmenbedingungen steht durch die erreichte Vermeidung von unerwünschtem Fehlverhalten in Sachen Jagdappetenz einem friedlichen Nebeneinander von unterschiedlichen Naturnützern nichts im Wege.

Univ.Prof. Klaus Lienbacher
Meisterführer für Jagdhunde

Einleitung

Es gibt mittlerweile die verschiedensten Trainingsmethoden, damit der Hund nicht mehr im Alleingang Wildfährten verfolgt. So versuchen manche, den Hund durch Gehorsamkeitsübungen vom Jagen abzuhalten, andere über aversive Methoden wie den Einsatz von Stromreizgeräten. Viele versuchen, den Hund »umzulenken« und wiederum andere hoffen, den Hund über extreme Auslastung zu müde für Jagdausflüge zu machen. Das sind nur ein paar von unzähligen Problemlösungsstrategien zu diesem Thema, die sich Menschen überlegt haben. Es wäre auch nicht zielführend, allzu genau darauf einzugehen, warum die meisten Strategien nicht funktionieren. Deshalb nur ein kurzer Exkurs:

Durch Gehorsamkeitsübungen und extreme Auslastung, wie etwa lange Radtouren, wird oft versucht, den Hund vom Jagen abzuhalten. Denken wir doch noch einmal nach, wofür viele Hunderassen gezüchtet wurden: als Jagdhelfer. Es ist die genetische Veranlagung eines Hundes, Wildfährten zu verfolgen und Wildtiere zu hetzen. Er legt dazu auch weite Strecken zurück und trotz zunehmender Erschöpfung gibt es ein »Feuerwerk an Glücksbotenstoffen«, sobald er frische Wildfährten entdeckt oder Wild aufstöbert. Ähnlich wie bei frisch verliebten Jugendlichen handelt der Hund stark hormongesteuert. Glauben Sie, dass es möglich ist, einen, wie man so schön sagt, »verknallten« Jugendlichen von seiner neuen Flamme fernzuhalten? Es ist aussichtslos! Gegen die hormonbedingte, rosarote Brille hat Vernunft aber so gar keine Chance! Ganz im Gegenteil, umso mehr man versucht, den Kontakt zu unterbinden, desto größer wird der Widerstand und desto eher klettert der Jugendliche aus dem Fenster, um heimlich seine große Liebe zu treffen!

Und genauso sieht es beim hormongesteuerten, jagenden Hund aus. Umso mehr man versucht, den Hund vom Jagen abzuhalten, desto größer wird das Verlangen danach und desto perfekter verschleiert es der Hund, wenn er eine tolle Wildfährte in der Nase hat. Denn er lernt schnell: Nur, wenn er es sich nicht anmerken lässt, kann er der gefundenen Fährte in einem unbemerkten Moment schnell und unauffällig folgen!

Auslastungen wie Agility bereiten dem Hund Spaß,
machen ihn aber nicht zu müde, um zu jagen.

Oft wird auch versucht, die Aufmerksamkeit des Hundes von der Jagd auf andere Beschäftigungen (Kekse suchen, Dummytraining, Ballspielen, ...) umzulenken. Warum auch das meist nicht funktioniert, soll Ihnen folgendes Beispiel veranschaulichen:
Stellen Sie sich vor, Sie mögen Gummibärchen, lieben aber Schokolade. Jetzt wird Ihnen verboten, Schokolade zu essen und immer, wenn Sie gerade nach einem Stück greifen möchten, wird Ihnen ein Gummibärchen in die Hand gedrückt. Eine Zeit lang werden Sie vermutlich die Gummibärchen essen, aber schon bald werden Sie keine Gummibärchen mehr sehen können und spätestens, wenn keiner hinsieht, werden Sie sich schnell ein Stück Schokolade in den Mund stecken. Sie wissen, worauf ich hinaus möchte? Sie können einem Hund, der sich zum Beispiel für Hasen und Hasenfährten interessiert, nicht Kekse auf einem Baum verstecken und glauben, dass der Hund deshalb keine Hasen mehr jagt.

Die Schwierigkeit bei Problemlösungsstrategien liegt nun mal auch darin, dass man versucht, mittels einer bestimmten Strategie ein Problem zu lösen. Was aber, wenn ein Hund, der sich für Wild und Wildfährten interessiert, gar kein Problem ist, sondern eigentlich ein nützliches Verhalten zeigt? Bitte schlagen Sie jetzt nicht schimpfend das Buch zu, Sie werden gleich nachvollziehen können, wie ich das meine:
Interesse für etwas ist ja grundsätzlich nichts Schlechtes. Fußball zum Beispiel ist ja per se auch absolut nichts Negatives. Natürlich stellt es kein Problem dar, wenn sich jemand so sehr für Fußball interessiert, dass derjenige auch Fußballmatches besucht und mit seiner Mannschaft vor Ort mitfiebert. Problematisch wird es dann, wenn das Match nicht wie gewünscht verläuft und der Besucher daraufhin seinen Frust an den Fans der Gegenmannschaft auslässt. Ab dem Zeitpunkt hat das eigene Verhalten Konsequenzen für andere und sobald das eigene Interesse und das damit einhergehende Verhalten andere einschränkt oder gar gefährdet, wird es problematisch!

So ist es auch bei jagenden Hunden: Die Witterungsaufnahme ist noch kein Problem. Auch ein intensiveres Schnüffeln stellt im Normalfall noch kein unerwünschtes Verhalten dar. Problematisch aus menschlicher Sicht wird es ab dem Zeitpunkt, bei dem der Hund »die Ohren zuklappt«, also nicht mehr ansprechbar und somit für den Menschen unkontrollierbar wird und selbstständig losstartet. Ab diesem Moment ist der Hundehalter hilflos und der Hund

Kekse auf Bäumen zu suchen ist eine tolle Beschäftigung für den Hund, hält ihn aber nicht vom Jagen ab.

kann zur Gefahr für sich und für andere werden. In dem Augenblick, in dem der Hund alleine losläuft, ist es grundsätzlich auch schon zu spät, um noch wirklich etwas tun zu können, außer dem Hund nachzusehen und zu hoffen, dass er unversehrt wieder zurück und kein anderes Lebewesen zu Schaden kommt. Auch ein sehr gut sitzender Rückruf funktioniert da meist nicht mehr, denn der Hund bekommt ihn einfach nicht mehr mit.

Damit der Hund nicht im Alleingang jagen geht, ist es also sehr wichtig, sich die vorangehenden Signale, die der Hund zeigt, bevor er losstartet, zunutze macht. Es geht darum, in dem Bereich anzusetzen, in dem das

Wenn der Hund erst einmal losgestartet ist, kann der Hundehalter meist nichts mehr tun als zu warten, bis er von selbst wieder kommt.

Verhalten noch unproblematisch ist. Genauer gesagt: Wenn sich das Verhalten noch im erwünschten Rahmen befindet. Das bedeutet: Jeder Hund zeigt mehr oder weniger deutlich, je nach Rasse und auch Erfahrungen, wenn er eine Wildfährte gewittert oder Wild gesichtet hat und es gilt, genau dieses Verhalten herauszuarbeiten.

Das Ziel ist also, dass der Hund immer deutlicher und immer länger zeigt, wenn er etwas Interessantes gefunden hat, damit wir Menschen Zeit gewinnen können. Denn nur so haben wir eine Chance zu agieren, bevor der Hund losspringt! Man arbeitet also noch in der Situation, in der der Hund noch lernen kann, lässt den Hund dabei aber auch Wildfährten verfolgen. Ich nenne dieses Training **»Jagd-Appetenz-Anker«**, kurz **»JAA-Konzept«**, das, wie der Name schon vermuten lässt, »Ja« zum Jagen unter bestimmten Bedingungen sagt. Wie genau das funktionieren kann, soll Ihnen der Inhalt dieses Buches näherbringen.

Solange der Hund anzeigt, dass er eine spannende Spur aufgespürt hat, kann der Mensch noch agieren.

Teil 1

Verständnisgrundlagen für den jagenden Hund und für das »JAA-Konzept«

1. Mensch und Hund als (Jagd-)Partner

Den Menschen und den Hund verbindet eine ganz besondere Beziehung, die nicht nur Jahrtausende alt, sondern auch von hoher emotionaler und sozialer Bindung geprägt ist.

Geschichtlicher Hintergrund

Bevor das Trainingskonzept erläutert wird, ist es notwendig, kurz auf den geschichtlichen Hintergrund des Einsatzes des Hundes für die Jagd von der Domestikation bis hin zur Zucht von Rassen für bestimmte Einsatzgebiete einzugehen. Denn wie bereits in der Einleitung kurz angesprochen wurde, bildet die Kooperation zwischen Mensch und Hund die Basis für das Training und stützt sich dabei auf jene Zusammenarbeit, die gerade im Bereich der Jagd sehr ausgeprägt ist und bereits einige Jahrtausende zurückreicht. Da diese Kooperation und die immer stärkere Spezifizierung auf bestimmte Jagdformen eine so wichtige Grundlage für das gemeinsame Untersuchen und Verfolgen von Fährten bildet, ist es unumgänglich, ein wenig auf die bestehenden Domestikationstheorien einzugehen.

Der Hund, so ist sich die Wissenschaft mittlerweile einig, stammt vom Wolf ab, einem menschenscheuen Lauf- Raubtier (Räber, 2007).

Man nimmt an, dass bereits vor 19.000–32.000 Jahren mit europäischen Vorfahren insgesamt vier Abstammungslinien gezüchtet wurden. Diese Abstammungslinien konnten schon damals genetisch und morphologisch vom Wolf unterschieden werden (Jung & Pörtl, 2015).

Führten Essensreste in Siedlungen dazu, dass sich der Wolf immer mehr annäherte und kam es so zur Domestikation des Hundes?

Warum der Mensch und der Hund schon über Jahrtausende die Nähe des anderen suchen, ist jedoch noch nicht genau erforscht.

Eine Theorie ist, dass eine generationenlange, selektive Zucht mit nur jenen Wölfen, die sich am besten an den Menschen anpassen konnten, notwendig war, um die Scheu gegenüber Menschen zu minimieren (Räber, 2007, Coppinger & Coppinger, 2001). Die natürliche Selektionist eine weitere Option, wie es zur Domestikation des Wolfes gekommen sein könnte. Durch das Sesshaftwerden des Menschen boten sich für die zahmeren und neugierigeren Wölfe beim Aufenthalt in unmittelbarer Umgebung der Menschen bessere Futterressourcen, eine höhere Sicherheit, verbesserte Fortpflanzungsmöglichkeiten und so eine erhöhte Überlebenschance für diese Wolfspopulationen. Durch die ständige Nähe zu den Menschen und die Vorteile dieser Nähe entwickelten die Wölfe also eine genetische Neigung zu einer geringeren Fluchttendenz, was einen

Selektionsvorteil gegenüber den wilderen Wölfen mit sich brachte (Zeuner 1967, Coppinger & Coppinger, 2001, Hare et al., 2002, Koler-Matznick, 2002, Jung & Pörtl 2015).

Die vorangegangenen, beschriebenen Theorien unterstreichen zwar eine räumliche Nähe von Wolf und Mensch als Grundlage für die Domestikation des Wolfes, erklären jedoch nicht die jahrtausendealte, enge Verbundenheit von Mensch und Hund.

Der Wolf ist zwar ein Jäger, jedoch sehr menschenscheu.

Konrad Lorenz (1960) geht schon eher auf diese Thematik ein, denn er sieht die Domestikation des Hundes als eine besondere Form der Symbiose, die zwei fremde Arten eingehen, da sie beide einen Vorteil daraus ziehen können (Zimen, 1992). Bei Hund und Mensch könnte es unter anderem die gegenseitige Ernährungsabhängigkeit gewesen sein, die die Domestikation bedingt hat. Konrad Lorenz beschreibt, wie etwa Jäger und Caniden in der Savanne bei großem Wild zusammengearbeitet haben. Die Caniden waren zu klein, um das große Wild zu töten, konnten es aber aufspüren, hetzen und solange stellen, bis die Jäger dieses schlussendlich getötet haben. Als Dank für die Vorarbeit erhielten die Caniden Fleischstücke, wodurch die Zusammenarbeit immer stärker wurde und die Scheu voreinander immer geringer. Diese Erklärung von Konrad Lorenz ist sicherlich ein wenig romantisch, denn man weiß, dass der Hund dem Menschen wohl schon früh als Nahrungsquelle (Canophagie) (Podberscek 2007, Meggitt 1965, Zimen 1992, aus Degerbol, M., 1933) und bei Kälte als lebendes Wärmekissen (Zimen, 1992 aus: Manwell C. & Baker A., 1984, Meggitt 1965) diente. Dennoch ist gut nachvollziehbar, dass es ein gegenseitiger Nutzen gewesen sein könnte, der eine besonders enge Bindung zwischen Mensch und Hund entstehen gelassen und dafür gesorgt hat, dass sich Mensch und Hund (bei der Jagd) so gut ergänzen und zusammenarbeiten.
Ebenfalls um Kooperation sowie um die gemeinsame Entwicklung und interspezifische Kommunikation und die dadurch bedingte Domestikation geht es verstärkt bei Jung & Pörtl (2015) und auch bei Askew (1997). Nach deren Theorie wiesen der Mensch und der Wolf in Eurasien schon vor 30 000 Jahren bezüglich Sozialverhalten und Jagdverhalten große Ähnlichkeiten auf. So lebten sowohl Wölfe als auch Menschen in engen und festen Sozialverbänden in Form von Großfamilien, die auf die Gemeinschaft ausgerichtet waren.

Auch hinsichtlich des Nahrungsspektrums gab es große Ähnlichkeiten zwischen Mensch und Wolf. Beide waren Omnivoren, also Allesfresser, mit dem Schwerpunkt auf Fleisch, wobei es davon zwar sehr viel gab, jedoch in Form von wehrhaften und intelligenten Tieren wie Wollnashörnern. Es war daher für die Hetzjäger Mensch und Wolf notwendig, strategisch an die Jagd heranzugehen: Schwache und junge Tiere wurden ausgewählt, von der Herde getrennt und

Wölfe leben im Familienverband
und kommunizieren stark mittels Körpersprache.

schließlich gehetzt und getötet. Je nach Fähigkeiten hatte dabei jedes Individuum spezielle Aufgaben als Späher, Treiber oder Angreifer. Die Jagd erforderte also sowohl bei den Menschen als auch bei den Wölfen eine überaus gut aufeinander abgestimmte Vorgehensweise und auch Flexibilität, wofür ein hohes Maß an Empathie notwendig war.

Durch die vielen Übereinstimmungen bei Sozialverhalten, Jagdverhalten und die räumlichen Überschneidungen sehen Jung & Pörtl (2015)

Wölfe müssen sich bei der Jagd aufeinander verlassen können, um erfolgreich zu sein.

die Konkurrenz als Motor für das gegenseitige Interesse, durch das es von intraspezifischer zu interspezifischer Kommunikation[1] und in weiterer Folge zur Kooperation gekommen ist. So bedingte die Konkurrenz, dass sich Mensch und Wolf miteinander beschäftigt und durch Beobachtungen den jeweils anderen zu »lesen« gelernt haben. Dadurch war es ihnen möglich, Handlungsabsichten und die Kommunikation der jeweils anderen Art zu verstehen und die im Zuge dessen gewonnenen Informationen in die eigene Jagdplanung einzubauen (Jung & Pörtl 2015).

1 *intraspezifische Kommunikation: Kommunikation innerhalb einer Art*
interspezifische Kommunikation: Kommunikation zwischen verschiedenen Arten

Die enge Verbundenheit zwischen Mensch und Hund – wissenschaftlich betrachtet

Auch wenn sich die Wissenschaft nicht einig ist, wie genau Mensch und Hund zusammengefunden haben, steht dennoch fest, dass beide seit Jahrtausenden ein Team bilden und der Hund das erste Haustier des Menschen war. Fest steht auch, dass die Verbundenheit zwischen Mensch und Hund eine ganz besondere ist. So arbeitet der Hund zwar eigenständig, aber dennoch für das vom Menschen festgelegte Ziel. Jung & Pörtl (2015) sehen den Grund für diese Motivation im sozialen Kontext, denn wie im vorigen Kapitel bereits angesprochen, steht sowohl beim Hund als auch beim Menschen das Wohl der Gemeinschaft über den eigenen Interessen. Das selbstständige Handeln des Hundes für das vom Menschen gesetzte Ziel geht demnach weit über Unterordnung und Gehorsam hinaus, es ist vielmehr als soziales Lernen zu verstehen.

Mittlerweile gibt es diverse Studien zum Thema Verbundenheit und über die eigenen Interessen hinausgehende Kooperationsbereitschaft. Szetei et al. (2003) fanden bei einer Studie heraus, dass Hunde, auch wenn es zu ihrem persönlichen Nachteil ist, den Hinweisen ihres Menschen folgen. Dabei wurde festgestellt, dass sich Hunde im Normalfall auf Geruchs- und/ oder visuelle Informationen verlassen, um verstecktes Futter aufzuspüren. So konnten sie ohne Hinweise ihres Menschen durch Riechen oder durch Zusehen beim Verstecken des Futters in einer von zwei Schüsseln die richtige (die mit dem Futter) herausfinden.

Der gleiche Versuch wurde auch mit Zeigegesten von Seiten des Menschen gemacht: Obwohl die Hunde gesehen hatten, wo das Futter versteckt worden war oder es gerochen hatten, entschieden sie sich für die leere Schüssel, die ihnen der Mensch gezeigt hatte. Wenn die Hunde beim Verstecken nicht zusehen konnten, sondern ihren Geruchssinn einsetzen mussten, entschieden sie sich noch schneller für die leere, vom Menschen gezeigte Schüssel. Dies lässt darauf schließen, dass die Hunde stärker auf Zeigegesten vom Menschen reagieren, als die Nase zum Suchen einzusetzen!

Das Gemeinschaftsgefühl als oberste Prämisse des eigenen Tuns, auch bei der Mäusejagd.

Auch Marshall-Pescini et al. (2012) untersuchten, ob sich Hunde durch Zeigegesten des Menschen in ihrer Wahl beeinflussen lassen und ob sie dadurch für sie nachteilige Entscheidungen treffen. Bei dieser Studie mit 140 Hunden hatten diese die Wahl zwischen zwei Tellern, wobei auf einem Teller einige Futterstücke lagen und auf dem anderen nur ein einziges. Ohne menschlichen Einfluss entschieden sie sich vorwiegend für die Schüssel mit mehr Futter. Auch wenn das eine Futterstück mit einer Angel bewegt (kein Mensch sichtbar) und wieder geräuschvoll auf den Teller fallen gelassen wurde, entschieden sich die Hunde für den Teller mit mehr Futter. Wenn jedoch ein Mensch dabei war und sich für den Teller mit dem einzelnen Futterstück interessierte und dabei auch Augenkontakt mit dem Hund aufnahm, interessierten sich einige Hunde vermehrt für das einzelne Futterstück, obwohl der Teller mit den vielen Futterstücken weiterhin zur Auswahl stand.

Diese Untersuchungen zeigen, dass der Hund nicht nur eine sehr hohe Kooperationsbereitschaft gegenüber seinem Menschen hat, sondern auch, wie sehr er das Interesse der Gemeinschaft über das eigene stellt, so wie es in einer Familie üblich ist.

Ebenso spielen zwischen Mensch und Hund Emotionen und Empathie eine sehr wichtige Rolle für das gegenseitige Verständnis, die Kommunikation und die dadurch bestehende, enge Verbundenheit. Marc Bekoff (2008) formulierte es so:

»Wir werden deshalb so von ihnen angezogen, weil sie Emotionen haben; in Ermangelung einer gemeinsamen Sprache stellen Emotionen wahrscheinlich sogar unser effektivstes Mittel zur Kommunikation über die Artengrenzen hinweg dar. Wir können unsere Emotionen mit anderen Lebewesen teilen, wir können die Sprache der Gefühle verstehen und das ist der Grund, weshalb wir tiefe und dauerhafte Bindungen mit anderen Lebewesen eingehen. Emotionen sind der Kitt, der uns aneindander bindet.« (Bekoff, 2008, S.36).

Wie sehr wir einander gegenseitig tagtäglich emotional beeinflussen, ist uns oft gar nicht bewusst, es passiert jedoch unentwegt! So können Hunde die Stimmung des Menschen perfekt wahrnehmen und spiegeln diese auch eins zu eins wider!

Ärgert man sich etwa über den rücksichtslosen Radfahrer, der einen gerade beinahe angefahren hat, stimmt doch sogleich der Hund ein und verbellt den unhöflichen Radler. Auch wenn man gar nichts gesagt hat, die Emotionen, die in der Situation hochkommen, nimmt der Hund wahr und lässt sich davon anstecken.
Oder man hat es gerade besonders eilig und möchte, dass der Hund noch schnell draußen pinkelt, bevor man zur Arbeit fährt. Und obwohl sich der Hund sonst immer ganz schnell löst, wartet man in genau dieser Situation ewig, bis man es aufgibt und wieder heimwärts geht! Erst da löst sich der Hund. Kein Wunder - bei der Anspannung, die man zuvor hatte und die der Hund natürlich bemerkt und aufgenommen hat, konnte er sich einfach nicht mehr lösen. Doch auch umgekehrt funktioniert die Stimmungsübertragung hervorragend! Kaum steigt etwa die Aufregung des Hundes bei Sichtung seines Erzfeindes, wird auch sofort der Stresspegel des Menschen in die Höhe getrieben. Und wenn einen der Hund fröhlich mit funkelnden Augen ansieht, beginnt man ebenfalls zu lächeln, oder?

Wenn der Hund lacht, lacht auch der Mensch!

Neben der Stimmungsübertragung ist die Empathie, im Speziellen die kognitive Empathie, ein wesentlicher Faktor, warum sogar interspezifisch gemeinsame Ziele wie etwa bei der Jagd so effizient erreicht werden können. Als empathisch bezeichnet man jemanden, der die Gefühle, Motive und Empfindungen seines Gegenübers erkennen und sich dabei auch in die emotionale Lage dessen einfühlen kann. Bei der kognitiven Empathie geht es noch einen Schritt weiter: Die Fähigkeit zu kognitiver Empathie ermöglicht es dem Individuum, nicht nur die Gefühle anderer zu erkennen, sondern auch deren Gedanken und Absichten. Dazu kommt, dass derjenige nach dem Erkennen der Gefühle, Gedanken oder Absichten auch eine Vorstellung davon hat, welche Handlungsabsichten sein Gegenüber aufgrund dieser Gefühle oder Gedanken hat. Dafür bedarf es grundsätzlich an Erfahrung und Lernvermögen, jedoch auch besonders an gemeinsamen Lernerfahrungen. Gerade bei der Jagd sind diese gemeinsamen Lernerfahrungen wichtig.

Denn es kann zwar jeder individuell für das gemeinsame Ziel handeln, das Team muss dabei aber so eingespielt sein, dass jeder weiß, was der andere im nächsten Moment tun wird, um selbst wieder dementsprechend die nächste Handlung zu setzen. Klingt kompliziert, ist es aber eigentlich nicht.
Ein Beispiel: Bei uns Menschen ist es im Straßenverkehr oft notwendig, kognitiv empathisch zu sein! Stellen Sie sich vor, dass vor Ihnen zwei Autos fahren. In dem Moment, in dem Sie zum Überholen ansetzen, bremsen Sie doch noch einmal - und prompt fährt das Auto vor Ihnen in die linke Spur und überholt das erste Auto. Obwohl der Fahrer des Wagens vor Ihnen nicht mit Ihnen kommuniziert hat, hatten Sie es »im Gefühl«, dass er gleich die Fahrspur wechseln würde. Aber warum? Geblinkt hat er nicht und er ist davor auch schon länger hinter dem anderen Wagen hergefahren! Durch die Absicht, die Spur zu wechseln, hat der Fahrer vor Ihnen seinen Wagen in der Spur von rechts ein ganz klein wenig weiter nach links gelenkt, eigentlich kaum merkbar. Diese feine Bewegung haben Sie bereits wahrgenommen, dadurch die nächste Handlungsabsicht Ihres Vordermannes erkannt und konnten dementsprechend rechtzeitig reagieren.
Doch was bedeutet dies für die Verbundenheit zwischen Mensch und Hund? Erkennen wir schon vorab die Handlungsabsichten unseres Hundes und funktioniert dies auch umgekehrt? Überlegen Sie einmal: Warum wissen Sie schon vorab, dass Ihr Hund gleich sein großes Geschäft erledi-

Nanu und Elliot sind sofort interessiert, als Herky etwas Spannendes entdeckt hat.

gen wird? Sagen kann er Ihnen dies ja nicht! Aber durch sein Benehmen wissen Sie, ohne darüber nachzudenken, dass er sich gleich lösen wird! Oder: Wenn der Hund am Gartenzaun steht und ein anderer Hund vorbeigeht, erkennt der Mensch ebenfalls schon vorab, dass sich bei seinem Hund immer mehr Spannung aufbaut und er weiß auch, dass er gleich zu bellen beginnen wird.

Winni riecht einen Marder bei dem Holzstoß. Sein Mensch weiß genau, wie wichtig Winni dieser Fund ist und interessiert sich deshalb auch dafür.

Auch Hunde sind bei Menschen kognitiv empathisch. Ein Beispiel: Ein Mensch spielt mit seinem Hund auf der Wiese mit dem Ball, sprich er wirft dem Hund den Ball und der Hund bringt ihn jedes Mal brav zurück und gibt ihn auch wieder her, damit der Mensch den Ball erneut werfen kann. Nach ein paar Wiederholungen denkt sich der Mensch, dass er den Ball nun das letzte Mal werfen und dann wieder einstecken wird. Doch zum Einstecken kommt der Mensch gar nicht mehr, denn der Hund bringt den Ball genau dieses Mal partout nicht mehr zurück! Denn der Hund hat ganz genau erkannt, dass der Mensch beim Werfen des Balles dieses Mal etwas anders agiert hat und kann abschätzen, was der Mensch als nächstes tun wird, nämlich das Spiel zu beenden.

Also wissen wir grundsätzlich sehr gut, was der andere gerade fühlt und denkt und was er wohl als nächstes tun wird! Wir haben demnach mit dieser engen Verbundenheit die optimale Basis, um auch im Bereich der Jagd ein perfektes Team zu bilden, trotz der unterschiedlichen Artzugehörigkeit!

2. Spezialisierung der Jagdhunde

Im Laufe der Zeit hat der Mensch bei den verschiedenen Hunderassen immer stärker jene Eigenschaften heraus gezüchtet, die ihm den größten Nutzen gebracht haben. Durch Selektion entstanden so verschiedene Hundetypen mit jeweils unterschiedlichen Vorzügen und Eigenschaften. Man züchtete Hütehunde, die den Schäfern dabei halfen, die Herde zusammenzuhalten, Herdenschutzhunde, um Gefahren von der Herde fern zu halten, Wachhunde zum Schutz des Hofes, Schlittenhunde und natürlich Jagdhunde. Auch bei den einzelnen Aufgabenbereichen wurde weiter selektiert. So entstanden Hunderassen, die je nach Verwendungszweck Verhaltensweisen der einzelnen Jagdsequenzen deutlicher zeigen oder eher weniger bis gar nicht. Die Jagdsequenzen lassen sich grob folgendermaßen einteilen:

Orten ▸▸ Fixieren ▸▸ Anpirschen ▸▸ Packen ▸▸ Töten ▸▸ Fressen

Sie kennen das bestimmt: Sobald Sie mit Ihrem Hund spazieren gehen, hat er ständig die Nase am Boden oder richtet sie gegen den Wind aus, um ja keine interessante Spur zu verpassen. Wenn der Hund also aktiv auf der Suche nach Wild ist und er dieses in der Umgebung zu orten versucht, wird dies als ungerichtetes Appetenzverhalten[2] bezeichnet. Doch wovon wird diese ständige Suche nach Wild angetrieben, auch wenn der Hund noch nie erfolgreich gejagt hat? Müsste er nicht irgendwann frustriert damit aufhören? Dies wäre für viele Hundehalter zu schön, um wahr zu sein: Den Hund eine Zeit lang nur an der Leine zu führen, nach einigen Misserfolgen geht er nicht mehr jagen und darf daraufhin sein restliches Leben ohne Leine laufen. Funktioniert (leider) nicht so, denn die Motivation des Hundes zum Jagen wird durch das sogenannte »Seeking[3] System« immer wieder angetrieben, egal, wie viele Misserfolge er hat.

2 *lateinisch appetentia = das Begehren, Bedürfnis*
3 *(englisch) seeking= suchen, anstreben*

Anders wäre es evolutionär gesehen auch fatal gewesen und es gäbe den Hund gar nicht! So wäre der Wolf verhungert, wenn er nach ein paar Misserfolgen die Jagd einfach frustriert eingestellt hätte. Der Psychiater Jaak Panksepp erforschte in den 1970er Jahren die Zusammenhänge zwischen Hirnaktivität und Sozialverhalten und beschrieb das Seeking System hierbei als eines der wichtigsten. So sieht er dieses System im aktiven Zustand dafür verantwortlich, dass lustvolle Emotionen aufkommen, die im Zusammenhang mit der Vorfreude auf Erfolge stehen. Der Hund empfindet also bereits den ersten Teil der Jagd, die Suche nach Wild, als etwas hochgradig Lustvolles, was ihn dazu antreibt, bei jedem Ausflug weiter zu suchen, egal, wie hoch die Belohnungswahrscheinlichkeit durch einen Fund dabei ist.

Hat der Hund nun bei der Suche etwas wahrgenommen, geht sein Verhalten in gerichtetes Appetenzverhalten über, sprich er beginnt die Spur zielstrebig in Richtung des Wildtieres zu verfolgen.

Orten ungerichtet

Orten gerichtet

Ist die Spur frisch und das Wild noch nicht weit, kann der Hund die Fährte erfolgreich verfolgen. Ist er schließlich in unmittelbarer Nähe des Wildtieres angelangt, geht er zum nächsten Verhalten über: dem Fixieren. Das bedeutet, dass der Hund nach dem Erspähen des Wildes angespannt stehen bleibt und das Tier ganz genau beobachtet, also visuell fixiert, um sich dann anzuschleichen.

Fixieren

Anpirschen

Der Hund pirscht sich nun so weit an das Wildtier heran, bis er nahe genug ist und ein Angriff erfolgversprechend scheint. Sobald er diese Distanz zum Wildtier unterschreitet, startet er los und hetzt das Beutetier so lange, bis er es entweder ergreifen kann oder es vor Erschöpfung zusammenbricht. Hat der Hund das Tier erreicht, packt er es, tötet es und frisst es anschließend.

Hetzen

Packen

Dies sind grundsätzlich die einzelnen Sequenzen, aus denen die Jagd beim Hund besteht.

Es ist aber durch Selektion und Zucht heute so, dass nicht jede Hunderasse jede Sequenz in gleicher Intensität zeigt, beziehungsweise zeigen bestimmte Hundetypen und -rassen manche Sequenzen sehr deutlich

Töten – in diesem Fall Totschütteln

Fressen

und andere dafür überhaupt nicht. Dies variiert je nach Verwendungszweck, sprich je nachdem, für welche Form der Jagd und welche Wildtierart man einen spezialisierten Jagdpartner auf vier Pfoten braucht oder gebraucht hat.

Die Jagdspezialisten lassen sich in folgende Gruppen einteilen:

- ***Apportierhunde*** (zum Beispiel Golden Retriever, Labrador Retriever oder Chesapeake Bay Retriever)

  Apportierhunde wurden vor allem für die Jagd auf Wasservögel und Niederwild gezüchtet. Dabei soll der Hund ruhig beim Jäger bleiben und erst, wenn ein Tier erlegt worden ist, dieses an Land oder auch im Wasser suchen und dem Jäger bringen. Bei diesen Hunden sind die Sequenzen Orten und Packen besonders wichtig sowie eine Freude fürs Apportieren, also das Bringen der Beute.

- ***Wasserhunde*** (zum Beispiel Barbet, American Water Spaniel, Cão de Água Português)

Bei den Wasserhunden ergibt sich ein ähnliches Bild wie bei den Apportierhunden, da diese einen sehr ähnlichen beziehungsweise sich deckenden Aufgabenbereich besitzen: Die Jagd auf Wasservögel und zusätzlich auch als Helfer der Fischer. Bei ihnen ist somit, wie bei den Retrievern, neben dem Orten und Packen eine große Apportierfreude wichtig, sowie natürlich auch eine große Begeisterung für die Arbeit im Wasser.

- ***Laufhunde*** (zum Beispiel Tiroler Bracke, Beagle)

  Laufhunde sind vor allem auf die Sequenzen Orten und Hetzen spezialisiert. So wurden und werden diese Hunde vor allem in großen Jagdgebieten eingesetzt, um das Wild aufzustöbern und dem Jäger entgegen zu treiben. Diese Hunde sind entsprechend ihres Einsatzbereichs sehr ausdauernd und können einer Fährte über lange Distanzen hinweg folgen. Eine Besonderheit bei den Laufhunden ist die Eigenschaft, Spurlaut und Sichtlaut zu geben. So geben diese Hunde Laute von sich (hohes Bellen, Jaulen), wenn sie die Spur eines Beutetieres aufgenommen haben und während sie diese verfolgen beziehungsweise melden sie auch, wenn sie Sichtkontakt zur Beute haben.

- ***Schweißhunde*** (Bayerischer Gebirgsschweißhund, Hannoverscher Schweißhund)

  Schweißhunde sind besonders im Orten Spezialisten. So finden sie rasch die Anschussstelle und folgen der Wundfährte[4] mit tiefer Nase über große Distanzen hinweg.

- ***Stöberhunde*** (zum Beispiel English Cocker Spaniel, Deutscher Wachtelhund, Kooikerhondje)

  In diese Kategorie fallen jene Hunde, die in der Nähe vom Jäger im Gebüsch und Dickicht nach Wild suchen. Haben sie eine Spur entdeckt, geben sie wie die Laufhunde Spurlaut. Sobald sie das Beutetier entdeckt haben, verharren sie liegend, bis der Jäger das Tier erschossen hat. Erst dann läuft der Hund zu dem Tier und apportiert es. Bei Stöberhunden sind also die Sequenzen Orten, Fixieren und Packen besonders ausgeprägt und ebenso die Freude am Apportieren.

4 *Wundfährte: Fährte eines angeschossenen oder verunfallten Tieres*

- ***Vorstehhunde*** (zum Beispiel Magyar Vizsla, Kleiner und Großer Münsterländer, English Setter, Pointer)

  Ähnlich wie die Stöberhunde sollen Vorstehhunde dem Jäger Wild anzeigen. Anders jedoch als diese suchen Vorstehhunde die Felder mit hoher Nase ab, versuchen also, die Witterung von Tieren aufzunehmen, um diese dann dem Jäger durch Vorstehen[5] anzuzeigen. Sobald das Wildtier flüchtet, erlegt es der Jäger und lässt es sich vom Hund apportieren. Die besonders bedeutenden Sequenzen sind also wie beim Stöberhund das Orten, Fixieren und Packen sowie das Apportieren.

- ***Erdhunde*** (zum Beispiel Dackel, Border Terrier, Deutsche Jagdterrier)

  Bei den Erdhunden oder auch Bauhunden handelt es sich um kleine Hunderassen, deren Brustumfang von zwei Händen umschlossen werden können sollte. Dadurch passen sie in die unterirdischen Bauten von Fuchs, Dachs und teilweise sogar von Kaninchen. Bauhunde müssen sehr eigenständig agieren, da sie im Bau auf sich alleine gestellt sind und dabei sehr überlegt vorgehen müssen, wenn sie im Bau dem Fuchs oder Dachs gegenüberstehen. Bei Erdhunden sind beinahe alle Sequenzen bedeutend, also das Orten, Hetzen, Packen und Töten.

- ***Windhunde*** (zum Beispiel Galgo Español, Whippet, Irish Wolfhound)

  Für Windhunde ist ihr schlanker und hochläufiger Körperbau charakteristisch und für ihren Jagdeinsatz essenziell. Windhunde wurden ursprünglich dazu eingesetzt, gesunde Wildtiere (vor allem Hasen, aber auch Füchse und sogar Hirsche und Wölfe) zu hetzen, im Lauf einzuholen, zu packen und in den meisten Fällen auch zu töten. Ihre Besonderheit ist, dass sie Sichtjäger sind, Wild also hauptsächlich visuell aufspüren.

Die genannten Hundegruppen sind jene, die speziell für bestimmte Jagdbereiche eingesetzt werden oder wurden. Doch auch andere Hunderassen zeigen Sequenzen des Jagdverhaltens. Hütehunde wie Border Collies oder Australian Sheperds etwa fixieren beim Hüten die Schafe, schleichen sich an und hetzen diese beim Zusammentreiben.

---

5 *Vorstehen: Hund fixiert das Beutetier, hält dabei mit hoher Körperspannung mitten in der Bewegung inne und hat meist eine Vorderpfote angewinkelt.*

Selbstverständlich jagen auch Vertreter vieler anderer Hunderassen, die nicht für die Jagd verwendet werden und haben unterschiedliche Ausprägungen bei den einzelnen Jagdsequenzen! Wer also zum Beispiel einen Vertreter eines Hütehundes, Hirtenhundes oder etwa Wachhundes hat, kann sich nicht in Sicherheit wiegen, dass sein Hund kein Jagdinteresse zeigt.

Hütehunde zeigen bei der Arbeit mit den Schafen bis zum Packen alle Sequenzen des Jagdverhaltens.

3. Der jagende Hund – was in seinem Kopf vorgeht

Der oft gehörte Satz »Und plötzlich war er weg!« stimmt so eigentlich nicht, denn bevor der Hund tatsächlich das Wild hetzt, muss er erst einmal, wie bereits bei den Jagdsequenzen erläutert worden ist, identifizieren und lokalisieren. Hierzu laufen verschiedene Prozesse im Gehirn des Hundes ab, die es dem Menschen ermöglichen, den Hund noch beim Aufspüren des Wildes »abzuholen«. So beginnt die Jagd des Hundes im Normalfall mit einem ungerichteten Appetenzverhalten, also der generellen Suche nach Beute mit allen Sinnesorganen. Oft sagen Hundebesitzer, dass der Hund ja die ganze Zeit die Nase am Boden hat und man daher gar nicht wisse, wann der Hund einer Wildfährte nachgeht. Dieses ständige Suchen nach Fährten, Geräuschen oder auch nach Wildsichtungen ist das ungerichtete Appetenzverhalten. Stößt der Hund dabei auf eine interessante Fährte oder entdeckt etwas, das interessant sein könnte, beginnt er, das Gefundene zu identifizieren und zu lokalisieren (gerichtetes Appetenzverhalten). Wenn der Hund etwa eine frische Wildfährte entdeckt, verarbeitet das Gehirn die Informationen, die es durch den Geruch der Fährte erhält, gleicht diese Informationen mit bereits gemachten Erfahrungen ab und bestimmt auch, ob es sich dabei um wehrhaftes oder jagdbares Wild handelt (ob von dem Tier Gefahr ausgeht, wissen die Hunde instinktiv, dafür benötigen sie keine Erfahrungen).

Schlumpf zeigt durch seine hohe Körperspannung und den fokussierten Blick sehr deutlich, dass er etwas Spannendes in der Nase hat.

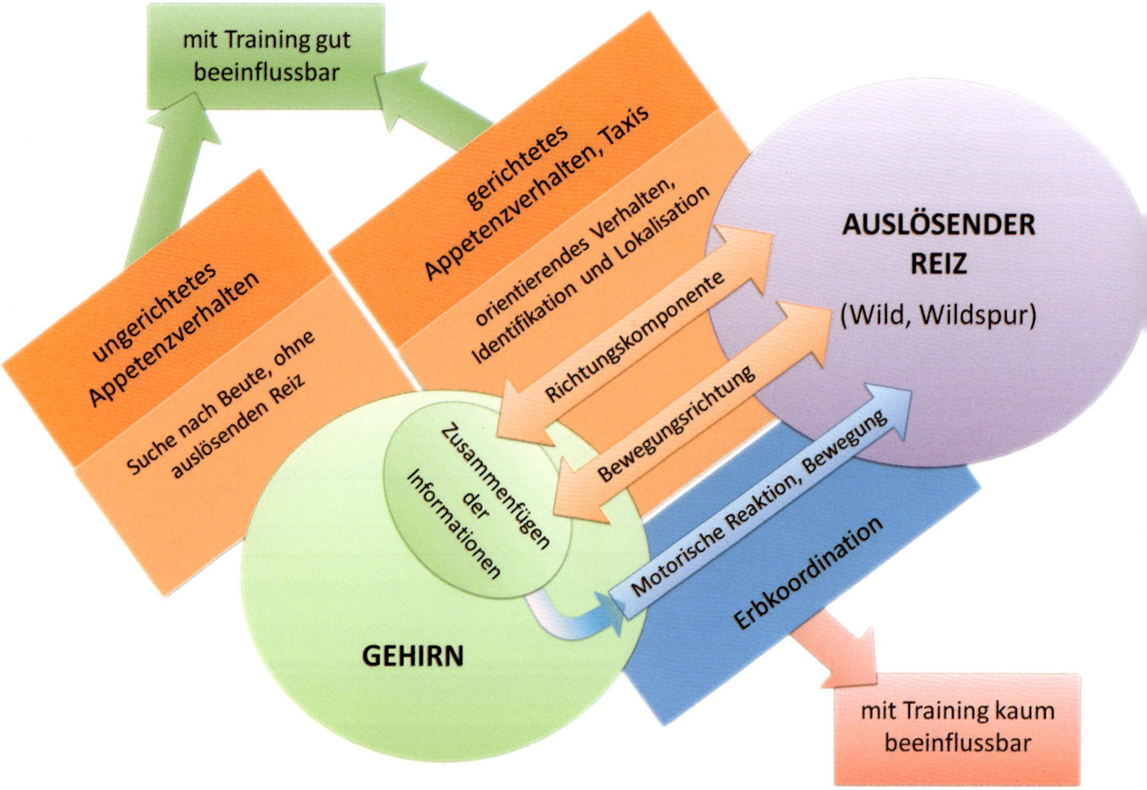

Abläufe im Gehirn bei der Jagd und Beeinflussungsmöglichkeiten mittels Training.

Nach der Identifizierung folgt der Hund der Fährte, bis er das Wild genau lokalisiert hat. Nun richtet sich der Hund nach dem Beutetier aus, wobei diese Orientierung nach der Beute als Taxis bezeichnet wird. Dann beginnt der Hund, sich dem Tier anzunähern. Diese Annährung, die je nach Situation, Windrichtung und Position des Beutetieres entweder durch Anschleichen oder gleich durch Hetzen erfolgt, ist ein instinktives Verhalten, also ein genetisch festgelegter, relativ starrer und automatischer Ablauf, der auch Erbkoordination genannt wird.

Es ist also aus neurobiologischer Sicht sinnvoll, ein Training für koordinierte Fährtensuche ohne selbstständige Jagd bei den ersten Sequenzen der Jagd anzusetzen, wenn der Hund noch im Bereich des Appetenzverhaltens agiert. Ein Training macht also in jenem Bereich Sinn, in dem der

Hund noch ein von Lernerfahrungen geprägtes, orientierendes Verhalten zeigt.
Denn sobald sich das Verhalten des Hundes im Bereich der Erbkoordination befindet, also instinktiv erfolgt, ist der Hund kaum noch ansprechbar und kann das Verhalten auch nicht mehr wirklich abbrechen. Die nachstehende Abbildung zeigt einen groben Überblick über die Abläufe.

Klingt kompliziert, ist es aber eigentlich nicht! Denken Sie an eine Mutter, die sich mit ihrem Kleinkind bei der Supermarktkasse angestellt hat. Das Kind blickt zunächst umher, ob es etwas Interessantes entdecken kann (ungerichtetes Appetenzverhalten). Strategisch gut positioniert,

Auch wenn man Dexter die Ermüdung schon ansehen kann, er selbst nimmt sie kaum wahr.

steht bei der Kasse ein Regal mit Süßigkeiten, die durch ihre bunten Verpackungen die Aufmerksamkeit des Kindes auf sich ziehen. Nun beginnt das Kind, aus der Menge der bunten Leckereien das anzustarren, das am interessantesten aussieht (gerichtetes Appetenzverhalten). Unabhängig davon, ob es nun die besonders auffällige und ansprechende Verpackung ist, die das Kind so besonders begehrt oder ob es vielleicht schon gelernt hat, dass das, was so aussieht, einen gut schmeckenden Inhalt hat: das Kind wird sich so hindrehen, dass es das Objekt der Begierde am besten sehen kann (Taxis) und dann automatisch danach greifen (Erbkoordination). Bemerkt die Mutter, dass das Kind das Süßigkeitenregal ganz begeistert anstarrt, kann sie das Kind noch ansprechen, ihm zum Beispiel die Sachen zeigen, die sie bereits im Einkaufswagen hat und das Kind kann noch darauf reagieren. Bemerkt die Mutter diese ersten Anzeichen des Interesses jedoch nicht und das Kind greift schon nach der besonders attraktiven Süßigkeit oder hält diese vielleicht sogar schon in Händen, wird jeglicher Versuch, das Kind von der Süßigkeit wegzubekommen, in einem Gezeter enden. Dadurch ergibt sich das typische Bild eines schreienden und tobenden, sich am Boden wälzenden Kindes, das seine »Beute« nicht mehr hergeben möchte.

Neben dem noch beeinflussbaren Appetenzverhalten und kaum noch steuerbaren Erbkoordinationen wird das Jagdverhalten des Hundes zusätzlich von diversen Botenstoffen gelenkt. Es werden bei allen Sequenzen der Jagd Hormone und Neurotransmitter freigesetzt, die beim Hund ein Glücksgefühl auslösen und ihn immer wieder Fährten suchen und ihn sogar Schmerzen ausblenden lassen. Dadurch ist Jagen ein selbstbelohnendes Verhalten, wodurch es so schwierig ist, den Hund davon abbringen zu wollen.

Vermutlich ist die Ausschüttung des Neurotransmitters Dopamin für die Vorfreude auf die Verfolgung der Wildfährte verantwortlich. Dopamin bewirkt wahrscheinlich jene Anreizmotivation, die notwendig ist, damit der Hund überhaupt Wildfährten sucht, also ungerichtetes Appetenzverhalten zeigt. Wenn der Hund eine Wildfährte aufgespürt hat und dieser folgt, lässt er sich von widrigen Umständen wie Dornen oder Verletzungen nicht mehr bremsen; der Schmerz wird regelrecht ausgeblendet. Hier ist höchstwahrscheinlich die Ausschüttung von den Botenstoffen Noradrenalin und Serotonin für die »Schmerzignoranz« verantwortlich, da diese Stoffe den Schmerz hemmen. Auch merkt der Hund beim längeren Verfolgen einer Fährte die zunehmende Ermüdung nicht, da die genannten Botenstoffe neben der schmerzhemmenden Wirkung auch die Motivation steigern und das Verfolgen selbst als Belohnung wahrgenommen wird.

Noch ein Detail zum Serotonin: Die Vorstufe des Botenstoffs Serotonin und auch des Melatonins stellt die Aminosäure Tryptophan dar, die über die Nahrung aufgenommen wird. Die Ernährung hat also unter anderem einen Einfluss auf die Produktion von Serotonin und Melatonin. Während Melatonin Auswirkungen auf den Schlaf- Wach- Rhythmus hat, ist Serotonin neben dessen Einfluss auf das Schmerzempfinden außerdem für die Erregbarkeit und Aggressionsbereitschaft, den Appetit, die Wahrnehmung von taktilen Reizen sowie für die soziale Kompetenz zuständig. Je höher der Serotoninspiegel, desto ausgeglichener und ruhiger ist der Hund!

Es zeigt sich also, dass die verschiedenen Botenstoffe einen großen Einfluss auf das Verhalten und die Empfindungen des Hundes haben und dass der Hund dadurch nicht alle Sequenzen der Jagd bis hin zum

Jagd-Appetenz-Anker Training (JAA-Training)

Jagd: *Der Hund darf nach den Spielregeln des Menschen kontrolliert seiner großen Leidenschaft, der Jagd, nachgehen.*

Appetenz: *Das Training setzt in einem Bereich an, in dem der Hund noch lernen kann.*

Anker: *Der Hund geht Spuren nicht mehr alleine nach, sondern bleibt wie fest verankert stehen, bis der Mensch das Startsignal gibt.*

Töten und Fressen der Beute durchleben muss, um mit seiner Jagd zufrieden zu sein. Dies wird auch durch die Tatsache unterstrichen, dass, wie bereits erläutert[6], bei den verschiedenen Hunderassen das Zeigen bestimmter Jagdsequenzen besonders herausgearbeitet wurde und andere Jagdsequenzen dafür beinahe weggezüchtet wurden. Die jeweilige Rasse ist neben dem Charakter des jeweiligen Hundes und den Lebensumständen auch dafür ausschlaggebend, wie schnell sich ein Hund nach einer Jagd wieder beruhigen kann. Terrier etwa sind oft sehr schnell »auf 180«, wie man so schön sagt, beruhigen sich aber meist auch sehr schnell wieder. Viele Hütehunde (zum Beispiel Australian Shepherd, Border Collie …) hingegen tendieren dazu, längere Zeit ein erhöhtes Erregungslevel beizubehalten.

Dafür, dass sich ein Hund unabhängig von der Rasse wieder entspannen kann, ist unter anderem der Anstieg des Oxytocinspiegels verantwortlich. Das Neuropeptid Oxytocin wird im Hypothalamus gebildet und in der Hypophyse zwischengespeichert, bis es bei Bedarf in den Blutkreislauf ausgeschüttet wird. Laienhaft ausgedrückt bewirkt Oxytocin, dass die Auswirkungen von Stress wie erhöhte Herzfrequenz, erhöhter Blutdruck und auch erhöhter Blutzuckerspiegel wieder sinken, der Hund also wieder aus der »Alarmbereitschaft« in einen Entspannungszustand übergehen kann. Auch die Fähigkeit, sich schnell wieder zu beruhigen oder eben nicht ist je nach Rasse, Charakter, Entwicklung und Erfahrung unterschiedlich.

Aus all diesen Faktoren und Überlegungen heraus, ergibt sich ein Trainingsansatz, der beim Appetenzverhalten des Hundes bei jagdlichen Aktivitäten ansetzt, also dort, wo dieser noch lernfähig ist. Ziel ist es, den Hund mit einem erwünschten und für den Menschen gut wahrnehmbaren Verhalten zu »verankern«, also zu verharren, bis der Mensch mit dem Hund gemeinsam auf ein Startsignal hin, der Spur folgt. Ähnlich wie ein Anker das Boot bei Wind und Wetter an derselben Stelle hält, soll der Hund, egal wie spannend der Fund ist, so lange verharren, bis der Mensch »die Anker lichtet«, also zum gemeinsamen Abenteuer aufbricht. Gefolgt wird der Spur so weit, bis der Hund zufrieden ist, sich aber auch schnell wieder beruhigen kann. Es ergibt sich also ein Trainingsansatz, der »Ja« zur Jagd unter den Spielregeln des Menschen sagt: das »Jagd- Appetenz- Anker Training« (JAA-Training).

6 *Siehe Kapitel »2.Spezialisierung der Jagdhunde«*

4. Lerntheoretischer Hintergrund des Trainings

Das Ziel des JAA-Trainings sieht folgendermaßen aus: Der Hund zeigt seinem Menschen an, wenn er eine interessante Wildfährte entdeckt hat und wartet so lange auf ihn, bis dieser ihn an die Leine nimmt, um dann mit ihm gemeinsam der Fährte ein Stück weit zu folgen. Die Suche wird dann so wieder abgebrochen, dass es für den Hund eine erfolgreiche Jagd war.
Natürlich sind die bereits erwähnte Bereitschaft des Hundes mit seinem Menschen zusammenzuarbeiten und rassespezifische Eigenschaften (zum Beispiel das Anzeigen einer Wildfährte durch Vorstehen) eine hilfreiche Basis für die Kooperation beim Jagdspaziergang. Um jedoch tatsächlich ein solches Resultat zu erreichen, erfordert es einiges an Training und die Zuhilfenahme von verschiedenen Hilfsmitteln und Strategien der Lerntheorie.

So bedient man sich in vielen Fällen der Konditionierung, also dem Erlernen von Reiz-Reaktions-Mustern. Man unterscheidet hierbei grundsätzlich zwischen der klassischen und der operanten Konditionierung. Doch dazu etwas später, zuvor ist es notwendig, auf Verstärker und Strafe und richtiges Timing einzugehen, um das JAA-Training erläutern zu können.

Verstärker und Strafe

Zunächst zum Unausweichlichen: Beim Training kommt man leider nicht darum herum, sich mit den Begriffen »Verstärker« und »Strafe« zu beschäftigen, denn egal, was man seinem Hund beibringen möchte: Man bedient sich, bewusst oder auch unbewusst, entweder positiver Verstärker, negativer Verstärker, positiver Strafe, oder negativer Strafe oder einer Kombination aus diesen. Die Begriffe »positiv« und »negativ« haben in diesem Zusammenhang nichts mit »gut« oder »schlecht« zu tun, sondern erklären, ob etwas dazu kommt, oder weggenommen wird.

Kurz definiert:

Verstärker und Strafe

- ***Positiver Verstärker:***
  Auf gezeigtes Verhalten folgt eine Konsequenz.
  Zum Beispiel: Hund setzt sich, bekommt dafür einen Keks.

- ***Negativer Verstärker:***
  Auf gezeigtes Verhalten bleibt negative Konsequenz aus oder verschwindet.
  Zum Beispiel: Hund bellt, der Eindringling verschwindet.

- ***Positive Strafe:***
  Auf gezeigtes Verhalten folgt negative Konsequenz.
  Zum Beispiel: Hund springt in die Leine, bekommt einen schmerzhaften Ruck.

- ***Negative Strafe:***
  Auf gezeigtes Verhalten fällt positive Konsequenz weg.
  Zum Beispiel: Hund spielt zu grob, Spielpartner unterbricht das Spiel.

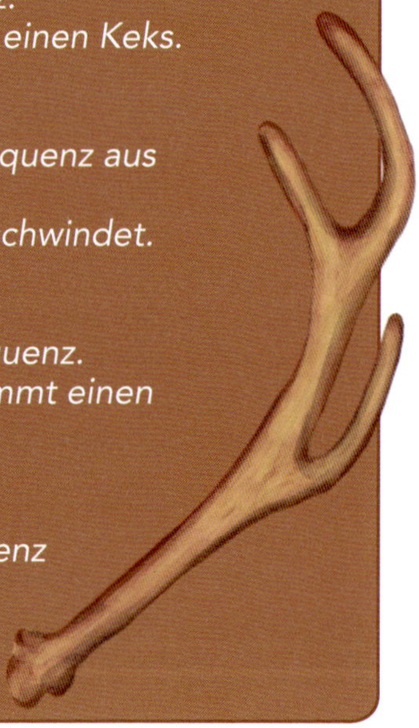

Ein Beispiel hierzu aus dem »menschlichen« Bereich: Ein Betrieb möchte die Produktionsleistung steigern und überlegt daher, wie die Mitarbeiter eine höhere Leistung erzielen könnten.
Eine Möglichkeit ist, den Mitarbeitern für eine effizientere Arbeitsweise ein höheres Gehalt zu zahlen. Die effizientere Arbeitsweise, würde hier also mit einem höheren Gehalt, belohnt werden, man würde also mit positiver Verstärkung arbeiten.

Eine andere Möglichkeit wäre, dass nur jene Mitarbeiter ihren Job behalten, die die neu geforderte, höhere Arbeitsleistung erreichen. Der Mitarbeiter muss also effizienter arbeiten, damit er dem Verlust des Arbeitsplatzes entgehen kann. Hier wäre also eine negative Verstärkung im Einsatz.
Eine weitere Option wäre, bei gesteigerter Arbeitsleistung die Pausenzeiten zu verkürzen, um noch mehr produzieren zu können. Hier würde also die gesteigerte Arbeitsleistung negativ bestraft werden, da den Mitarbeitern die Pausenzeit weggenommen wird.
Noch eine weitere Möglichkeit wäre, jene Mitarbeiter, die besonders hohe Arbeitsleistung zeigen, noch mehr in der Produktion einzusetzen, sie (schlechtbezahlte) Überstunden machen zu lassen. Hier würde der Mitarbeiter also insofern für seine verbesserte Arbeitsleistung positiv bestraft werden, indem er noch mehr Arbeit bei schlechter Bezahlung, also etwas Negatives, dazu bekommt.

In Kapitel 3 »Der jagende Hund – was in seinem Kopf vorgeht« wurde erklärt, was im Hundekopf bei der Jagd abläuft und warum daher der Versuch, den Hund durch Verbote davon abzuhalten, scheitern muss. Man kann also sagen, dass man sich keine Gedanken darüber machen muss, ob man den Hund für das Verfolgen einer Wildfährte besser durch Ignorieren negativ bestrafen sollte (ich nehme ihm ja Aufmerksamkeit und Sozialkontakt weg) oder man ihn besser schimpfen oder vielleicht sogar körperliche Schmerzen zufügen sollte, also positiv bestrafen sollte, da weder das eine, noch das andere zum Erfolg führen würde.

Timing und richtige Belohnung

Was man unter Verstärker und was unter Strafe versteht, ist nun geklärt. Was sich aber beim Einsatz von Belohnung (und Strafe) zeigt ist, dass das Timing ein ganz wichtiger Faktor ist. Hundetrainer Bob Bailey formulierte es einmal sehr treffend: *»Du bekommst nicht das, was du möchtest, sondern das, was du belohnst!«* Denn ob auch wirklich jenes Verhalten verstärkt wird, das man tatsächlich fördern wollte, hängt stark davon ab, ob man auch das Richtige und das zum richtigen Zeitpunkt bestätigt. Dies ist auch genau der Grund dafür, warum das JAA-Training nicht erst beim Verfolgen der Fährte, sondern schon beim Orten und Fixieren ansetzt. Es ist klar, dass der Hund, wenn er die Wildfährte bereits ungefragt verfolgt und ich ihn dafür mit einem Hundekeks belohne, das alleinige Fährtenverfolgen immer häufiger zeigen wird. Wenn ich aber jenes Verhalten bestätige, das der Hund beim Orten und Fixieren zeigt (Anzeigeverhalten), wird er dieses immer häufiger zeigen. Wir arbeiten also hauptsächlich über positive Verstärkung.

Jetzt stellt sich natürlich die Frage, was in dieser Situation eine adäquate Bestätigung darstellt, also was der Hund in der Situation als Belohnung empfindet und ihn dazu veranlasst, das gewünschte Verhalten dadurch häufiger zu zeigen.
Grundsätzlich unterscheidet man zwischen primären Verstärkern, also jenen Verstärkern, die die Grundbedürfnisse wie Hunger oder Durst stillen und sekundären Verstärkern, also einem konditionierten Verstärker, der den primären Verstärker ankündigt.
So schreit ein Kleinkind, wenn es Durst hat und hört erst zu schreien auf, wenn es seine Flasche bekommen hat und sein Durst gestillt ist. Das Getränk ist in dem Fall der primäre Verstärker. Das Geräusch, dass das Öffnen der Flasche beim Einfüllen des Getränks verursacht, ist ein sekundärer Verstärker, da dieses Geräusch das Getränk, also den primären Verstärker, ankündigt. Wenn das Kleinkind nun aus einem anderen Grund, wie etwa durch Kälte, zu schreien beginnt und ein Getränk angeboten bekommt, wird es dieses nicht annehmen und weiter schreien, bis sein Bedürfnis nach mehr Wärme erfüllt ist. In dem einen Fall fungiert also das Getränk als primärer Verstärker, bei einem anderen Bedürfnis jedoch nicht.

Was macht man also, wenn man beim jagenden Hund das Anzeigeverhalten bestätigen möchte und welcher Verstärker ist in dem Fall der richtige? Haben Sie in dem Moment, in dem der Hund von Kopf bis Fuß angespannt verharrt und eine interessante Wildfährte anzeigt, schon einmal probiert, diesen mit einem Hundekeks oder einem geworfenen Ball für sein Anzeigeverhalten zu bestätigen und somit die Fährtensuche abzubrechen? Falls ja, dann wissen Sie, dass der Hund entweder überhaupt nicht darauf reagiert oder den Keks schnell runterschluckt und weiter die Fährte fixiert. Man kann also davon ausgehen, dass Futter oder Spiel in der Situation keine adäquate Belohnungsform darstellen. Erinnern Sie sich noch an das Beispiel der verliebten Jugendlichen zu Beginn des Buches? Das Einzige, das diese beiden möchten, ist, den jeweils anderen zu treffen! Das wäre der Belohnungsjackpot für ein aufgeräumtes Zimmer und die Motivation dieses aufzuräumen immens! Ein Eis oder ein Computerspiel könnten da bei weitem nicht mithalten. Die Wahl der richtigen Belohnung ist also ein wichtiger Faktor, egal ob bei Zweibeinern oder Vierbeinern!

Was in der jeweiligen Situation die richtige Belohnung darstellt, kann man aber insofern relativ leicht herausfinden, indem man überlegt, wofür das gewünschte Verhalten gezeigt wird, welches Ziel also dabei verfolgt wird. Wenn zum Beispiel das Lieblingsspielzeug für den Hund unerreichbar unter die Couch rutscht und dieser sich daraufhin vor die Couch legt und winselt, ist dem Menschen klar, dass er den Hund für das »Auf- Sich-Aufmerksam- Machen« am besten mit dem Hervorholen des Spielzeuges belohnen kann. Ebenso ist es beim Verfolgen der Wildfährte: Wenn man es denn schafft, dass der Hund die Wildfährte anzeigt, kann man ihn dafür am besten damit belohnen, dass er dann (mit dem Menschen gemeinsam!) dem Grundbedürfnis, also der Fährtenverfolgung, nachgehen darf. Das Verfolgen der Fährte ist demnach der primäre Verstärker, durch den der Hund das Anzeigeverhalten immer öfter zeigen wird. Diese spezielle Form des Lernens, also das Verwenden einer häufigen Verhaltensweise als Verstärker für eine seltenere Verhaltensweise, wird als Premack-Prinzip bezeichnet, benannt nach dem Verhaltensforscher David Premack.

Timing und richtige Bestärkung

- ***Timing:*** *Das Verhalten, das man zu einem bestimmen Zeitpunkt bestätigt, wird verstärkt! Egal, ob erwünscht oder unerwünscht!*
- ***Primärer Verstärker:*** *Grundbedürfnisse wie Stillen von Hunger oder Durst.*
- ***Sekundärer Verstärker:*** *konditionierter Verstärker, der den primären Verstärker ankündigt.*
  Zum Beispiel: Griff in die Tasche kündigt Keks an!
- ***Premack Prinzip:*** *Ein häufig gezeigtes Verhalten wird als Verstärker für seltener gezeigtes Verhalten genutzt!*
- ***Richtige Bestätigung:*** *Die richtige Belohnung ist das, was der Hund gerade am meisten haben möchte!*

Klassische und operante Konditionierung

So, das waren kurz die Grundlagen, mit denen man das Anzeigeverhalten des Hundes bei einer Wildfährte fördern kann. Doch wie erreicht man es, dass der Hund eine Wildfährte immer anzeigt und das so lange, bis der Mensch bei ihm ist und er nicht einfach losläuft? Sobald der Mensch bemerkt, dass der Hund eine spannende Fährte in die Nase bekommt, lobt er ihn für die Entdeckung, stoppt den mit Brustgeschirr und Leine abgesicherten Hund dann aber sanft ab, lässt ihn also nicht mehr weiter die Fährte untersuchen. Der Hund wird daraufhin versuchen durch »Versuch und Irrtum«, sprich Probieren, zum Erfolg zu kommen Diese Form des Lernens bezeichnet man als operante Konditionierung. In dem Fall heißt das, dass er verschiedene Verhaltensweisen ausprobieren wird. Dazu gehört meist, dass der Hund versucht, durch Spannen der Leine weiterzukommen. Wenn er bemerkt, dass er mit dieser Strategie nicht zum Erfolg kommt, wird er in irgendeiner Form mit seinem Menschen Kontakt aufnehmen, um herauszufinden, warum es denn nicht weitergeht. So kann es sein, dass der Hund nur ein Ohr zurückdreht, er den Kopf leicht in Richtung seines Menschen dreht oder er sich sogar ganz nach ihm umdreht. Das ist der Moment, in dem der Hund der Fährte an der Leine mit seinem Menschen folgen darf, das Verfolgen der Fährte also als Verstärker für den ersten Ansatz des Nachfragens/Anzeigens eingesetzt wird. Dadurch, dass der Hund ausprobiert hat, welches Verhalten den gewünschten Erfolg bringt, kann er dieses auch gut reproduzieren. Diese Form des Lernens, das Einfangen einer angebotenen Verhaltensweise, wird als »freies Formen« bezeichnet. Der Hund lernt sehr schnell, dass er nur durch das Nachfragen seinem Interesse, dem Verfolgen der Wildfährte, nachgehen kann. Durch die Tatsache, dass sich der Hund das Nachfragen selbst erarbeitet hat, kann er dieses Verhalten immer schneller zeigen und kommt somit auch immer schneller zum Erfolg.

In diesem Zusammenhang muss jedoch erwähnt werden, dass man streng genommen auch mit negativer Verstärkung

arbeitet. So hindert schließlich die Leine den Hund im ersten Moment daran, der Wildfährte zu folgen, und erst das Nachfragen beim Menschen ermöglicht ihm, seinem Interesse nachzugehen. Ganz streng gesehen erfolgt durch das Abstoppen des Hundes mit der Leine, also dem Moment, in dem sich die Leine kurz spannt, Lernen durch negative Strafe, da der negative Reiz des Abstoppens durch das Nachfragen beim Menschen beendet wird. Da der Hund jedoch nur sanft abgestoppt wird und auch nicht über Frustration oder psychischen Druck gearbeitet wird und der Hund sehr schnell zum Erfolg kommt, ist das gemeinsame Fährtenverfolgen durch das Nachfragen/ Anzeigen eine positive Lernerfahrung für den Hund.

Durch die eben genannten Lernschritte ist es also möglich, dass sich das Anzeigeverhalten beim Fund von Wildfährten manifestiert.

Damit der Hund das Anzeigeverhalten auch immer länger zeigen kann, ist es hilfreich, ihn mit einer intermediären Brücke zu unterstützen. Die intermediäre Brücke ist eine dritte Form des Verstärkers, ein sogenannter tertiärer Verstärker, der dem Hund signalisiert, dass er auf dem richtigen Weg ist und er sein Verhalten weiter zeigen soll. Topfschlagen ist ein typisches Spiel, bei dem die intermediäre Brücke zum Einsatz kommt. Während ein Kind mit verbunden Augen versucht, auf allen Vieren und mit einem Kochlöffel auf den Boden schlagend einen Schatz zu finden, helfen ihm die anderen Kinder durch das Zurufen von »warm, warm, warm, …«, wenn es sich in die richtige Richtung, also in Richtung des Schatzes bewegt. Im konkreten Fall des temporären Ausbaus des Anzeigeverhaltens wird der Hund zum Beispiel durch wiederholtes ruhiges Loben und Integrieren des Kommandos für das Warten/ Verharren ermutigt, stehen zu bleiben und auf das Signal für die gemeinsame Suche zu warten.

Das Signal, um die gemeinsame Suche/ Verfolgung einer Fährte zu starten, wird klassisch konditioniert. Das bedeutet, dass wir dem Hund beibringen, dass auf ein bestimmtes Signal hin ein Ereignis erfolgt. So

Wenn das Anzeigeverhalten gut aufgebaut ist, wartet der Hund geduldig, bis es losgeht.

erhält also ein genau festgelegtes Signal, das vorher keine Bedeutung für den Hund hatte, eine Relevanz und kündigt eine bestimmte Reaktion an. Wichtig dabei ist zu wissen, dass die Reaktion vom Hund nicht beeinflussbar ist. Der Mediziner Iwan Pawlow beobachtete diese Form der Konditionierung während eines Experimentes mit Hunden: Ein Hund reagiert durch Erfahrung bei dem Anblick und Geruch von Futter mit erhöhter Speichelproduktion. Das Läuten einer Glocke löst bei einem Hund keine solche erhöhte Speichelproduktion aus, da der Hund aus Erfahrung weiß, dass diese nicht fressbar ist. Um nun zu bewirken, dass der Hund mit erhöhter Speichelproduktion reagiert, sobald es läutet, wird nun das Läuten in zeitlich direkten Zusammenhang mit dem Futter gebracht und dieser Vorgang einige Male wiederholt. So lernt der Hund, dass das Läuten der Glocke das Futter ankündigt. Dadurch reagiert er sehr schnell auf das akustische Signal mit erhöhter Speichelproduktion, egal ob Futter mit im Spiel ist oder nicht.

Ein typisches Beispiel für die klassische Konditionierung im heutigen Hundetraining ist die Konditionierung auf ein bestimmtes Geräusch als Ankündigung für eine Belohnung. Egal ob dies nun ein Klickgeräusch von einem Clicker ist, oder ein bestimmtes Markerwort, die Funktion ist dieselbe: Sobald es clickt/ das Markerwort ertönt, weiß der Hund, dass er etwas Erwünschtes gemacht hat und er dafür sogleich eine Belohnung erhält. Daraufhin wird er versuchen, das eben gezeigte Verhalten wieder auszuführen, um erneut eine Belohnung zu erhalten.

Da das Klickgeräusch/das Markerwort im Normalfall immer mit Futter als Belohnung aufgebaut wird, empfiehlt es sich, bei der gemeinsamen Jagd neue Signale aufzubauen, die eine Belohnung ankündigen, sie also klassisch zu konditionieren. Nicht wegen der Hunde, sondern weil wir Menschen sonst dazu neigen, den Hund eher wieder mit Futter bei der Jagd bestätigen zu wollen als mit der Jagd selbst, die er ja im Normalfall als viel größere Belohnung ansieht.

So bedarf es sowohl eines Startsignals, um gemeinsam einer Spur zu folgen, als auch eines Abbruchsignals. Das Startsignal erfolgt dann, wenn der Hund kurz das gewünschte Verhalten gezeigt hat, also kurz angezeigt hat, dass er da etwas Spannendes entdeckt hat, und als Belohnung erfolgt die Verfolgung der Fährte. Beim Abbruchsignal verhält es sich ähnlich. Sobald gemeinsam die Spur ein Stück weit verfolgt wurde, erfolgt das Abbruchsignal, um dem Hund zu sagen, dass er es richtig gemacht hat und er nun als Belohnung den Aufbruch zu neuen, gemeinsamen Abenteuern erhält.

Ein weiterer Einsatz der klassischen Konditionierung erfolgt bei Hunden, die generell schnell sehr aufgeregt sind und auch Probleme haben, sich wieder zu beruhigen. Diese Hunde benötigen unter Umständen ein wenig mehr Hilfe von ihren Menschen, um zwischen den einzelnen Jagdabenteuern ihr Erregungsniveau wieder senken zu können. Dafür hat sich die sogenannte konditionierte Entspannung bewährt. Hierbei wird dem Hund mit einem einzigen Signal beigebracht, sich zu entspannen. Konditionierte Entspannung darf dabei aber keineswegs mit Impulskontrolle verwechselt werden!

Ein Beispiel: Auf der angrenzenden Wiese spielen Kinder mit einem Ball. Der Hund würde gerne dem Ball hinterherlaufen. Verlangt man in dieser Situation von dem Hund, dass er sich hinsetzt und dem Ballspiel zusieht, muss sich der Hund aktiv zurücknehmen, damit er nicht doch losläuft. Man appelliert also an die Impulskontrolle des Hundes. Bei der konditionierten Entspannung wird dem Hund beigebracht, auf ein bestimmtes Signal hin Anspannung zu verlieren. Dies passiert, gut konditioniert, ohne Zutun des Hundes, sprich der Hund kann dies gar nicht beeinflussen! Im Fall des Ballspiels könnte man dem aufgeregten Hund also mit der konditionierten Entspannung helfen, das Erregungslevel kurz soweit zu senken, dass er wieder ansprechbar wird, um ihn dann etwa mit Distanzvergrößerung aus der für ihn schwierigen Situation zu helfen.

Klassische und operante Konditionierung

- **Klassische Konditionierung**
  Ein zuvor bedeutungsloser Reiz bekommt für den Hund eine Bedeutung!
  Beispiel: Markerwort kündigt Belohnung an.
- **Operante Konditionierung**
  Lernen durch Versuch und Irrtum.
  Funktioniert ein Verhalten, macht es der Hund wieder, funktioniert es nicht, macht er es nicht mehr.
  Beispiel: Hund bellt für Aufmerksamkeit.

Teil 2

Die Theorie hinter dem JAA-Konzept

5. Das JAA-Trainingskonzept

Das Jagd-Appetenz-Anker (JAA)-Konzept – wie das Trainingskonzept zu seinem Namen kam:

Wie vorab hinsichtlich Evolution, Domestikation, Neurobiologie und Lerntheorie erläutert, wäre es nicht nur ein sinnloses und aussichtsloses Unterfangen, dem Hund das Jagen zu verbieten. Es wäre dem Hund gegenüber sogar ungerecht und würde jeden Spaziergang immer stärker zu einem Nebeneinander statt einem Miteinander werden lassen und so die Frustration auf beiden Seiten immer mehr in die Höhe treiben. Klar ist also, dass die Jagd, sofern sie gemeinsam und nach bestimmten Spielregeln passiert, erlaubt sein muss (JAA zur Jagd), damit der Hund eben nicht mehr alleine auf die Jagd geht. Denn es ist, wie es Miklósi (2011) formulierte, die Interaktion mit anderen in der Gruppe, die es ermöglicht, gewisse Ziele zu erreichen. Da wir Menschen den Hunden bei den meisten Sinnesleistungen und auch bezüglich Laufgeschwindigkeit und Ausdauer weitaus unterlegen sind, muss ein Kompromiss her, der für alle Beteiligten annehmbar ist und von dem alle profitieren.
Der Mensch muss lernen, die Leidenschaft seines Hundes zu akzeptieren und auch, sie ein Stück weit zu teilen. Er muss auch, was vermutlich die schwierigste Aufgabe ist, ehrlich Emotionen zulassen und offen zeigen. Auch muss der Mensch lernen, seinen Hund besser zu beobachten und dessen Signale zu erkennen. Nämlich jene Signale, die der Hund zeigt, bevor er losläuft, um der Fährte zu folgen oder dem Wild hinterher zu hetzen! Denn wie bereits beschrieben, ist der Hund in dem Moment, in dem er etwas Spannendes entdeckt, noch aufnahmefähig und noch fähig zu lernen. Der Mensch muss also erkennen, wann der Hund bei der Jagd ge-

richtetes Appetenzverhalten zeigt, also wann er den Wildgeruch in die Nase bekommt und anfängt, genauer einzugrenzen, wo explizit der Geruch herkommt und wo sich somit das Wild vermutlich aufhält.

Warum also die Worte »Jagd« und »Appetenz« im JAA-Konzept vorkommen, ist geklärt. Doch warum der »Anker«? In der Seefahrt ist der Anker ein Gerät an einer Kette oder einem Tau, das sich aufgrund seiner Form selbstständig in den Grund des Gewässers eingräbt und dadurch das Boot oder Schiff an seinem Platz fixiert.
In dem Moment, in dem der Hund das Wild lokalisiert, hält er kurz inne - und genau diesen Moment gilt es, einzufangen und dem Hund beizubringen, dieses Innehalten so lange auszudehnen, damit es auch der Mensch gut erkennen und dann auch entsprechend reagieren kann. Der Hund soll lernen, selbstständig, wie fest im Boden verankert, stehen zu bleiben und die Wildfährte oder das Wild somit so deutlich, lange und unverändert anzuzeigen und das, egal was um ihn herum passiert, bis »der Anker gelichtet« und gemeinsam zum Abenteuer aufgebrochen wird. Das selbstständige und zuverlässige Stehenbleiben ist also der Anker für den Hund, der ihm die Sicherheit gibt, seiner Leidenschaft kontrolliert nachgehen zu dürfen. Dieser Anker, sprich diese beständige Verbundenheit mit dem Boden, gibt wiederum dem Menschen die Sicherheit, dass der Hund sogar dann stehen bleibt, wenn es bei großen Verlockungen wirklich schwierig für ihn wird! Mensch und Hund bauen auf diese Weise gemeinsam ein Ritual auf, das beiden Halt gibt und das durch gegenseitiges Vertrauen immer stärker gefestigt wird. Wichtig dabei ist die Konsequenz, sowohl beim Einfordern des Stehenbleibens (verankern), als auch beim gemeinsamen Verfolgen der interessanten Fährte (Lichten des Ankers zum Aufbruch ins Abenteuer), damit der Ablauf der gemeinsamen Jagd sowohl beim Hund als auch beim Menschen, wie es so schön heißt, »ins Blut übergeht«. Dies ist für ein verlässliches, selbstständiges Anzeigen, also Verankern unumgänglich, denn sonst geschieht das, was ein chinesisches Sprichwort passend formuliert:« Was innerlich nicht verankert ist, lässt sich auf Dauer äußerlich nicht erhalten.«

Motivation und Kooperationsgrundsätze

Die Motivation, warum Menschen einen Spaziergang mit ihrem Hund in der Natur unternehmen, ist vielfältig: Manche haben überhaupt nur deshalb einen Hund, damit sie sich selbst draußen bewegen »müssen«, andere wollen den Kopf vom Alltagsstress freibekommen, wieder andere nutzen den Spaziergang, um in neuen Umgebungen selbst etwas Neues zu erleben und zumeist geht es auch darum, dem Hund Abwechslung und Bewegung zu ermöglichen. Unabhängig jedoch davon, warum der Mensch einen Spaziergang mit seinem Vierbeiner unternimmt, hat eines immer oberste Priorität: Ein Spaziergang mit dem Hund soll etwas Entspannendes und Schönes sein! Doch damit dies für alle Beteiligten erholsam und ein tolles Erlebnis sein kann, muss eine Grundvoraussetzung erfüllt sein: Der Spaziergang ist eine Aktivität, die gemeinsam passiert und nicht nebeneinander! Denn gemeinsame Aktivitäten führen schlussendlich zu gemeinsamen (Jagd-)Aktionen! (Miklósi, 2011).

Gemeinsame Aktivitäten machen den Spaziergang zu einem tollen Erlebnis und schweißen zusammen.

Im Endeffekt ist es wie in einer menschlichen Beziehung: Wenn alles zur Selbstverständlichkeit wird, man sich nicht mehr um den anderen bemüht, lebt man sich auseinander, kommuniziert weniger, geht immer stärker eigene Wege. Beim Hund bedeutet das, dass Spaziergänge nebeneinander immer mehr dazu führen, dass der Hund seine eigenen Wege geht, immer weniger Kontakt mit seinem Menschen aufnimmt und er immer weiter und länger wegläuft. Dies bedeutet längerfristig Frust auf beiden Seiten.

Damit sich Hund und Mensch beim Spaziergang nicht auseinanderleben, bedarf es eigentlich nur der Beachtung von ein paar Aspekten:

Wie aus der Geschichte der Domestikation und der Zucht von Hunderassen hervorgeht, hat der Hund, unabhängig davon, welcher Rasse er angehört, eine starke und enge Bindung zu seinem Menschen. Außerdem ist er bereit, mit seinem Menschen zu kooperieren, er hat einen »Arbeitswillen«. Die Stärke dessen variiert zwar je nach Rasse und auch Individuum, aber grundsätzlich besitzt jeder Hund diese Bereitschaft, mit und auch für seinen Menschen etwas zu leisten. Jetzt gilt es nur noch, diese Bereitschaft im Bereich der Fährtensuche zu Gunsten des Menschen zu nutzen. Ziel ist das Bedürfnis des Hundes dem Menschen seinen Fund zu zeigen, oder besser noch anzuzeigen, und dann auf dessen Informationen zu warten, wie er damit umgehen soll, auszubauen. Die Frage ist natürlich: Warum sollte das Bedürfnis des Hundes wachsen, seinem Menschen Wildfährten oder Wildsichtungen zu zeigen? Warum sollte er die Geduld aufbringen, auf seinen Menschen zu warten, anstatt alleine loszulaufen? Die Antwort darauf ist eigentlich ganz einfach: Der Hund würde grundsätzlich, wenn er die Möglichkeit hat, lieber gemeinsam mit einem Partner jagen als alleine. Wichtig dabei ist, dass es tatsächlich ein Partner ist und kein Spielverderber, der da mit seinem Hund unterwegs ist!
Doch damit der Hund mit dem Menschen im Bereich der Jagd kooperieren kann, ist es notwendig, dass auf ein paar Grundsätze geachtet wird. Denn je nach Reaktion des Menschen auf den Fund des Hundes sind die Konsequenzen für Mensch und Hund und das gegenseitige Vertrauen und die Kooperationsbereitschaft gravierend unterschiedlich. So

ist es wichtig, dass der Mensch zu erkennen lernt, wenn der Hund etwas Spannendes gefunden hat und sich dann auch ehrlich mit seinem Hund freut. Auf eine Kooperation bei der Jagd wird der Hund dann eingehen, wenn er interessante Spuren auch verfolgen darf. Der Hund muss seinem Menschen also vertrauen können, dass er, wenn er bestimmte Spielregeln verfolgt, seiner Jagdleidenschaft nachgehen darf.

Was passiert also, wenn ein Hund eine interessante Fährte entdeckt oder Wild sichtet und der Mensch bemerkt es gar nicht? Das, was vorhin schon beim Beispiel der Beziehung angesprochen worden ist: Man lebt

Kooperationsgrundsätze

- ***Der Mensch muss erkennen, wenn der Hund eine Fährte gefunden hat!***
- ***Der Mensch muss sich ehrlich mit seinem Hund freuen können!***
- ***Der Mensch muss dem Hund zugestehen, interessante Fährten untersuchen zu dürfen!***
- ***Der Hund muss dem Menschen vertrauen können, dass er seiner Leidenschaft in einem gewissen Maß und unter bestimmten Bedingungen nachgehen darf!***

sich auseinander und geht seiner eigenen Wege. Auch beim Hund wird das passieren. Er wird die Fährte entdecken, ganz kurz mit seinem Menschen Kontakt aufnehmen, frustriert sein, dass von diesem keine Reaktion kommt und daraufhin alleine der Fährte folgen.

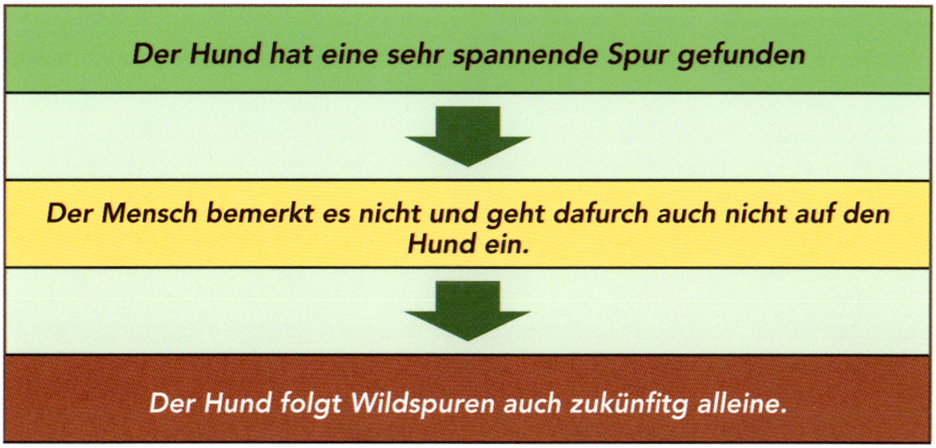

Ablauf, wenn der Hund eine Spur entdeckt,
der Mensch aber nicht reagiert.

Eine andere Option ist, dass der Mensch zwar sehr wohl bemerkt, dass der Hund eine Fährte oder Wild entdeckt hat, aber negativ darauf reagiert, also den Hund dafür schimpft, ihm vielleicht sogar droht. Mit dieser Reaktion verbaut sich der Mensch noch mehr die Chance, das »Jagdproblem« seines Hundes in den Griff zu bekommen, da dadurch das Interesse des Hundes an Fährten ja nicht sinkt (alles was man nicht tun darf, möchte man erst recht tun). Stattdessen lernt der Hund, dass er, wenn er eine Fährte findet und der Mensch dies bemerkt, diese mit Sicherheit nicht untersuchen darf und er für den Fund der Fährte vielleicht sogar bestraft wird. Der Hund wird dementsprechend künftig immer besser verschleiern, wenn er etwas Interessantes in die Nase bekommt. Da passt dann wirklich die Phrase »Und plötzlich und ohne Anzeichen war er weg!«

Es zeigt sich also: Es ist wichtig, dass der Mensch bemerkt, wenn der Hund einen Wildgeruch in die Nase bekommt und auch, dass der Mensch den Hund für sein Interesse nicht bestraft.

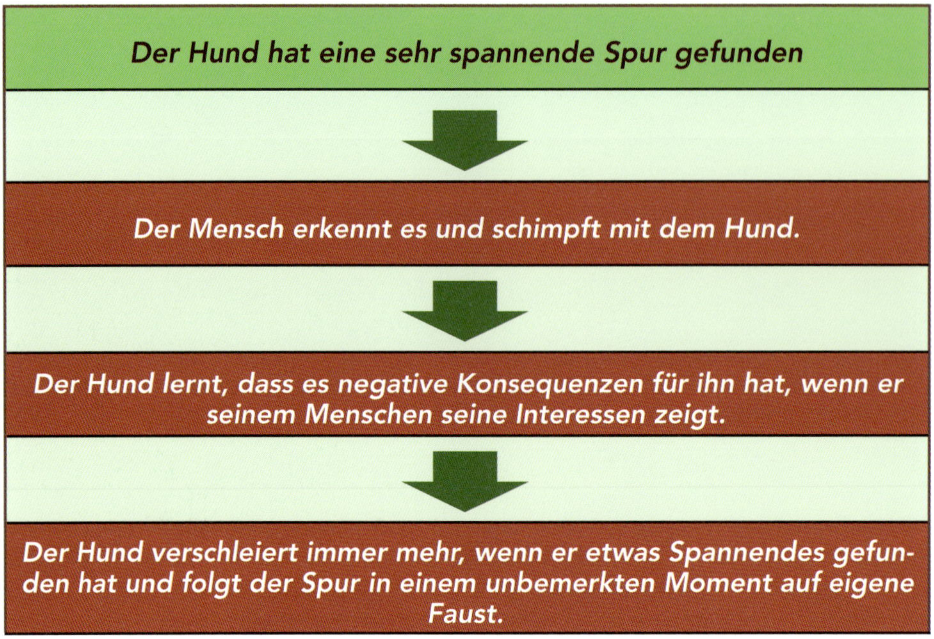

Ablauf, wenn der Hund eine Spur entdeckt,
der Mensch aber negativ reagiert.

Optimal wäre es, wenn der Mensch anhand der Signale, die der Hund zeigt, erkennt, dass der Hund etwas gefunden hat und ihn dafür lobt! Dadurch merkt der Hund, dass das Auffinden der Fährte erlaubt, ja sogar erwünscht ist, und wird dadurch seine Signale nicht zu verstecken beginnen, sondern ganz im Gegenteil diese immer deutlicher und für den Menschen besser erkennbar zeigen. Jetzt ist nur wichtig, dass der Mensch herausarbeitet, dass der Hund diese Signale immer und so lange zeigt, bis der Mensch das »O.K.« gibt, um der Fährte gemeinsam ein kleines Stück weit zu folgen.

Der Hund hat eine sehr spannende Spur gefunden

↓

Der Mensch erkennt es und lobt den Hund.

↓

Der Mensch wartet, bis der Hund bei ihm »nachfragt« und folgt daraufhin mit ihm gemeinsam der Spur.

↓

Der Hund lernt, dass er seiner Leidenschaft nachgehen darf, wenn er seinem Menschen den Fund zeigt.

↓

Der Hund freut sich über seinen Fund und die Freude seines Menschen, wodurch er diesem auch das nächste Mal etwas Interessantes anzeigt.

Ablauf, wenn der Hund eine Spur entdeckt und der Mensch positiv reagiert.

So haben beide etwas davon: Der Hund lernt, dass er den Fährten auf jeden Fall mit seinem Menschen folgen darf, wenn er es zuvor deutlich anzeigt und der Mensch hat einen Hund, der nicht mehr alleine jagen geht, sondern auf ihn wartet. Eine perfekte Form der Symbiose!

Warum setzt das Training beim Finden der Fährte an, also bei der Sequenz des Aufspürens, also des Ortens und Fixierens und nicht erst, wenn der Hund die Fährte als wichtig genug befindet, um dieser zu folgen? Weil es in dieser Phase noch am leichtesten für den Hund ist, ein Verhalten zu etablieren, das dem Menschen anzeigt, dass der Hund etwas gefunden hat. Jagen hat aus neurobiologischen und neurochemischen Gründen eine selbstbelohnende Wirkung (s. S. 45), und je weiter der Hund in das Jagdverhalten verfällt, desto schwieriger wird es für ihn, sein Umfeld überhaupt noch wahrzunehmen. Doch was, wann, wie bei dem Hund vorgeht und was, wann, warum, wie gemacht wird, soll in den folgenden beiden Kapiteln erläutert werden.

Spielregeln bei der Fährtensuche für den Hund

Das JAA-Training gelingt natürlich nur unter gewissen Spielregeln, die der Hund (und auch der Mensch) befolgen muss. Diese Spielregeln sind notwendig, damit der Hund sich nicht nur in seinen Interessen bestätigt fühlt, sondern damit die gemeinsame Fährtenverfolgung an Bedeutung gewinnt.

Fährtensuche als Belohnung

Es geht bei dem Training nicht darum, den Hund den ganzen Spaziergang lang seine Spuren verfolgen zu lassen, dabei an der Leine als lästiges Anhängsel dranzuhängen und nach spätestens einer Viertelstunde selbst ermüdet zu sein. Der Spaziergang sollte geordnet beginnen (ruhiges Aussteigen aus dem Auto/ ruhiges Losgehen) und dann sollte das gemeinsame Verfolgen von Wildfährten immer wieder während des Spaziergangs als Belohnung eingesetzt werden. Dazu kann man zu Beginn des Trainings Start- und Endkommandos einführen, damit der Hund auch weiß, wann gejagt wird. Ab diesem Zeitpunkt darf und soll der Hund Wildfährten aufspüren und anzeigen und ab diesem Zeitpunkt soll auch der Mensch dem Hund Wildspuren zeigen. Wie der Mensch solche Stellen am besten erkennen kann und wie er zum glaubwürdigen Jagdpartner für seinen Hund werden kann, wird bei den Spielregeln für den Menschen in einem späteren Kapitel dieses Buches noch genau erläutert.
Eine solche gemeinsame Jagdsequenz dauert auf keinen Fall länger als zehn Minuten, da das Verfolgen von Spuren und das Sich-Einlassen auf den anderen sehr anstrengend ist. Auch wird die Aufregung des Hundes dann auch oft immer größer und er wird immer schlechter ansprechbar! Ist der Hund schon sehr aufgeregt, wird es dann natürlich auch für den Menschen schwieriger diesen wieder auf ein Erregungslevel »herunterzufahren«. Diese klare Abgrenzung zwischen Jagdspaziergang und

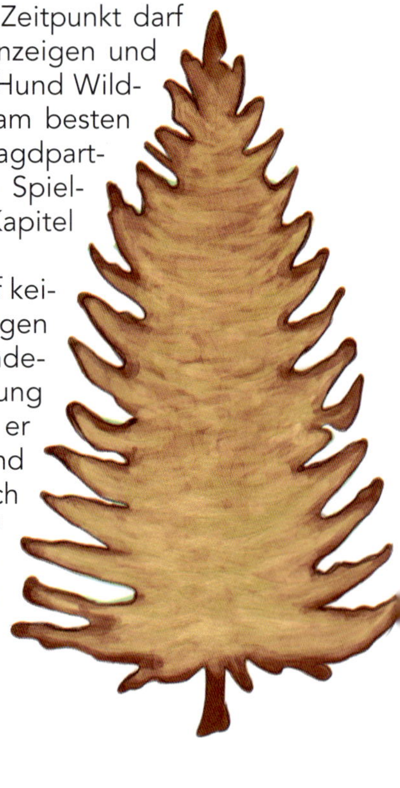

»normalem« Spaziergang bei den ersten Übungseinheiten dient dem Hund als Hilfe, damit er lernen kann, wann »Action« angesagt ist und auch, wann wieder eine Pause von der Fährtensuche stattfindet. So kann er auch besser wieder zur Ruhe kommen. Für diese Ruhe kann man sich auch mit dem Hund an den Wegesrand setzen und ihm mit ruhigem Streicheln und sanfter Stimme beim Beruhigen helfen! Bei sehr aufgeregten Hunden empfiehlt es sich, eine konditionierte Entspannung aufzubauen. Wie das funktioniert, wird später im Kapitel 6 »Der Abbruch als Start für neue Abenteuer« näher erläutert.

Nach einer individuellen Pause (je nachdem, wie lange der Hund braucht, um wieder ruhiger zu werden), kann man natürlich immer wieder solche Jagdsequenzen einbauen!

Terriermixhündin Luna braucht viel Unterstützung bei der Beruhigung, aber auch diese Hilfe gehört zu einer gemeinsamen Jagd!

Wie lange, wie weit und wie intensiv Fährten verfolgt werden

Wie lange, wie weit und wie intensiv Fährten gemeinsam untersucht werden, kann nicht pauschal beantwortet werden, da hier einige Faktoren eine wichtige Rolle spielen. Zunächst ist es natürlich wichtig, sicherzustellen, dass man sich an die örtlichen Vorschriften hält, keine Wildtiere zu Schaden kommen oder flüchten. Außerdem hat es einen Einfluss:

- ***ob die Fährte frisch ist,***
- ***ob sie von einer für den Hund interessanten Wildart ist und vor allem,***
- ***wie der Hund darauf reagiert.***

Der Erregungslevel ist also auch hier ein wichtiger Faktor, der aber je nach Hund unterschiedlich sein kann. Während bei dem einen Hund nach den ersten Metern die größte Anspannung abgebaut ist und ein Weiterverfolgen der Fährte es erleichtert, die Suche auch wieder abzubrechen, baut sich bei einem anderen die Spannung mit dem Verfolgen der Fährte erst so richtig auf, er steigert sich also immer mehr hinein und es wird immer schwieriger, die Fährtensuche auch wieder konfliktfrei abzubrechen.

Man muss also herausfinden, ob man nun einen Hund hat, der beim Auffinden einer Fährte bereits extrem aufgeregt und voller Vorfreude auf das Verfolgen der Fährte ist, oder einen, der beim Verfolgen der Fährte immer angespannter wird und dessen Aufregung mit jedem Meter zunimmt. Dementsprechend muss auch unterschiedlich auf den jeweiligen Hund eingegangen werden.
Beim Hund voller Vorfreude wird man die Fährte etwas weiter verfolgen und den Hund dabei auch noch anfeuern. Mit dem Hund, der sich am Verfolgen der Spur immer mehr ereifert, wird man die Fährte eher ruhig und nicht sehr weit verfolgen.

Hund mit starker Aufregung zu Beginn des Verfolgens der Fährte:

Hund mit zunehmender Aufregung beim Verfolgen der Fährte:

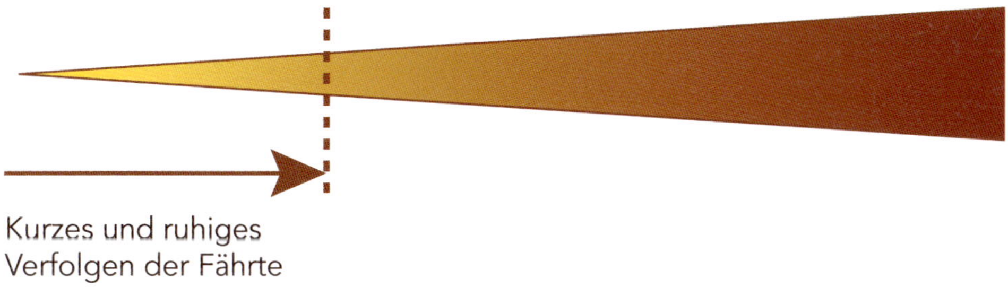

Wie lange Spuren verfolgt werden, hängt vom Erregungslevel und dessen Entwicklung ab.

Wenn Sie bereits Erfahrungen diesbezüglich gemacht haben, werden Sie es sehr schnell im Gefühl haben, wie lange Ihr Hund eine Fährte mit Ihnen verfolgen darf. Ansonsten werden Sie die beiden Optionen einmal ausprobieren müssen, um zu wissen, welche Strategie bei Ihrem Hund die besser passende darstellt. Manchmal macht es auch einen Unterschied, um welche Wildart es sich handelt. Wenn ein Hund etwa eine Hasenfährte weiter verfolgen muss, um zufrieden abbrechen zu können, kann es durchaus sein, dass derselbe Hund eine Rehfährte nur kurz untersuchen möchte.

Anzeigen einer Fährte als Grundvoraussetzung, dass dieser gefolgt wird

Die folgende Spielregel ist eine der allerwichtigsten, damit der Hund nicht alleine jagen geht: Der Hund muss auf seinen Menschen warten, wenn er etwas Spannendes entdeckt hat und darf erst dann loslaufen, wenn er das Startsignal von seinem Menschen dafür bekommen hat! Denn was nutzt es dem Menschen, wenn der Hund zwar lernt, dass sein Interesse für die Jagd absolut in Ordnung ist, er daraufhin aber weiterhin alleine losläuft?

Wichtigste Spielregel für die gemeinsame »Jagd«:

Der Hund wartet auf seinen Menschen und läuft erst dann los, wenn er von diesem das Startsignal bekommen hat.

Der Mensch muss dem Hund vermitteln, dass er unter der Bedingung jagen darf, wenn er dies mit ihm gemeinsam tut. Dies bedeutet wiederum, dass der Hund lernen muss, seinem Menschen Fährten oder Wildsichtungen so deutlich und so lange anzuzeigen, dass der Mensch die Möglichkeit hat, zu seinem Hund zu gelangen und dann gemeinsam mit ihm die Verfolgung der Fährte zu starten!

Im Kapitel 3 »Der jagende Hund – was in seinem Kopf vorgeht« wurde erklärt, dass der Hund, solange er Appetenzverhalten zeigt, noch lernen kann! Wenn der Hund also eine spannende Fährte entdeckt, ist er noch ansprechbar und aufnahmefähig! Er kann dann lernen, sich trotz der großen Aufregung und Vorfreude so lange zurückzunehmen, sprich so lange stehen zu bleiben oder sogar so lange vorzustehen, bis sein Mensch bei ihm ist und das Startsignal zur Verfolgung gibt. Und da ein Hund jene Verhaltensweisen immer öfter und deutlicher zeigt, die ihm einen Nutzen bringen, wird er das Anzeigeverhalten immer schneller und verlässlicher zeigen. Das Training unterscheidet sich in dem Bereich nur wenig von dem der aktiv bei der Jagd eingesetzten Hunde. Denn auch da müssen die Hunde frische Fährten oder Wild so lange anzeigen, bis sie weitere Anweisungen vom Jäger bekommen oder dieser das Wildtier erlegt hat. Ähnlich wie bei jagdlich geführten Hunden ist auch der Ansatz beim JAA-Training. Denn sobald der Hund die Spur anzeigt und verharrt, darf er als Belohnung für das Warten auf ein Startsignal hin jagen!

Interessante Fährten werden grundsätzlich gemeinsam verfolgt

Können Sie sich noch an das Beispiel von den Gummibären und der Schokolade ganz zu Beginn des Buches erinnern? Dass Sie Gummibären zwar mögen, Schokolade aber lieben? Und dass Ihnen, wenn Sie Schokolade essen möchten, diese aber verweigert wird und Sie stattdessen immer Gummibären gereicht bekommen? Ein paar Mal werden Sie sich damit zufrieden geben, es wird aber nicht lange dauern und Sie werden darauf bestehen, dass Ihnen auch Ihr Favorit, die Schokolade, zugänglich gemacht wird.
Ebenso ist es für den Hund mit nicht so spannenden und richtig interessanten Fährten! Wenn der Hund immer nur mäßig spannende Spuren untersuchen darf, wird ihm das über kurz oder lang nicht reichen! Frische Spuren von für den Hund interessanten Wildarten haben einen besonderen Reiz für ihn, denn solche Spuren bieten die Chance, auf Wild zu treffen! Diese Spuren muss der Hund untersuchen dürfen, denn das gibt ihm ein erfüllendes Gefühl! Alte Spuren haben wenig Reiz, und wenn er immer nur solche untersuchen darf, wird er bald sehr frustriert sein und spannende Spuren erst recht wieder alleine verfolgen!
Doch nicht nur frische Wildfährten sind für Hunde sehr interessant, sondern auch für den Menschen eher unappetitliche. So ruft eine Entdeckung wie etwa Kot von Wildtieren oder Teile von toten Tieren die Begeisterung von Hunden hervor! Diese Funde fallen natürlich ebenfalls in die Kategorie »sehr interessant und daher unbedingt zu untersuchen«, denn es geht ja darum, was für den Hund spannend ist - nicht für den Menschen. Das Interesse kann je nach Hund und ursprünglichem Zuchtziel va-

riieren. So ist der eine Hund von der Fährte eines Rehs ganz begeistert und beschnuppert gelangweilt eine Hasenfährte, während ein anderer Hund ganz aufgeregt die Fährte des Langohrs anzeigt und die Rehfährte hingegen weitgehend ignoriert. Mit der Zeit werden Sie immer besser erkennen, um welche Spur es sich handelt und worauf Ihr Hund wie aufgeregt reagiert! Einen weiteren Unterschied werden Sie bemerken, wenn Ihr Hund für ihn jagdbares Wild anzeigt oder solches, das sich wehren könnte, also für Ihren Hund gefährlich werden könnte. Jagdbares Wild wird Ihr Hund eher mit dem Körperschwerpunkt nach vorne gerichtet verfolgen beziehungsweise wird er sich diesem zielstrebig und beherzt nähern. Bei wehrhaftem Wild wird er weitaus vorsichtiger vorgehen, vielleicht erst einmal einen Bogen darum machen und abklären, in wieweit eine Gefahr davon ausgeht. Typische Beispiele für Tierarten, an die sich Hunde meist mit Vorsicht heranpirschen, sind etwa der Dachs oder Biber, aber auch Reptilien wie Schlangen.
Diese Vorsicht variiert jedoch je nach Rasse und je nach bereits vorangegangenen Erfahrungen. Es weiß zwar grundsätzlich jeder Hund, ob von einem anderen Tier eine Gefahr ausgeht, allerdings geht nicht jeder Hund gleich mit dieser möglichen Gefahr um. Manche Rassen wie die Vertreter der Erdhunde haben eine sogenannte Raubwildschärfe. Das bedeutet, dass sie auch wehrhaftes Wild wie den Dachs zu packen und zu töten versuchen.

Die Abbildungen auf den folgenden Seiten sollen einen Einblick bieten, wie solche Annäherungen je nach Hundetyp und Wildart aussehen können. Sowohl der Hase als auch der Dachs auf den folgenden Fotos sind leider durch Kollisionen mit Fahrzeugen ums Leben kommen (Fallwild).

Magyar Vizsla Mixrüde »Santino« reagiert je nach Wildart ganz unterschiedlich. Die Annäherung und Untersuchung von jagdbarem Wild (Feldhase) erfolgt interessiert und unerschrocken!

Santino nähert sich interessiert einem Hasen (Fallwild durch Wildunfall) an.

Die Annäherung und Untersuchung von wehrhaftem Wild (Dachs) erfolgt da schon viel vorsichtiger und direkter Kontakt wird vermieden:

Santino nähert sich dem Dachs (Fallwild durch Wildunfall) sehr vorsichtig.

Die Mischlingshündin »Mira« nähert sich, ähnlich wie »Santino«, dem Feldhasen souverän und aufgeschlossen. Da wird das tote Tier gerne ganz genau und aus der Nähe untersucht:

Mira nähert sich interessiert einem Hasen (Fallwild durch Wildunfall) an.

Als »Mira« auf den Dachs zugeht, verändert sich ihr Verhalten schlagartig. Sie fühlt sich bei diesem Tier sehr unwohl!

Der tote Dachs (Fallwild durch Wildunfall) ist Hündin Mira sehr suspekt.

Wenn Ihr Hund Ihnen also etwas Spannendes mit großer Vorsicht anzeigt, gehen Sie der Spur nicht allzu weit nach!

Verlassen Sie sich aber bitte nicht darauf, dass sich Ihr Hund für ihn potenziell gefährlichen Tieren vorsichtig annähert! Border Terrier »Schlumpf« kann mit dem Hasen eher weniger anfangen, verbeißt sich aber sofort in dem Dachs.

Als Bauhund für die Jagd auf Fuchs und Dachs gezüchtet, wäre Furcht und zu vorsichtiges Verhalten ein Fehler mit gefährlichen Konsequenzen für ihn!

Schlumpf interessiert sich viel mehr für den Dachs als für den Hasen (beide sind Fallwild durch Wildunfall).

Spielregeln bei der Fährtensuche für den Menschen

Bei der gemeinsamen Fährtensuche dreht sich bezüglich der Spielregeln für den Menschen alles um dessen Glaubwürdigkeit. Es geht vor allem darum, sich das Vertrauen seines Hundes bezüglich der gemeinsamen Jagd zu erarbeiten. Ganz nach dem Motto »Hunting for your dog´s trust« (Jagd auf das Vertrauen Ihres Hundes). Das gelingt dem Menschen nur, wenn er für seinen Hund glaubhaft agiert und das kann der Mensch nur dann, wenn er auch wirklich emotional und gedanklich hinter dem steht, was er gerade tut!

Warum dies so wichtig ist, soll der »Kluge-Hans-Effekt« verdeutlichen:
Anfang des 20. Jahrhunderts besaß Wilhelm von Osten ein Pferd namens Hans, das angeblich rechnen und buchstabieren konnte (und noch vieles mehr). Das Pferd konnte die Fragen seines Lehrers mit dem Klopfen eines Hufes beantworten. Das Pferd wurde immer bekannter und 1904 bestätigte sogar eine Kommission aus Wissenschaftlern, dass dem Pferd Hans keinerlei Hilfestellungen bei der Lösung der Aufgaben zu Teil wurde. Erklären konnten die Experten die kognitiven Leistungen des Pferdes jedoch zunächst auch nicht. Erst ein wenig später erkannte man, dass Hans zwar keine mathematischen Aufgaben lösen konnte, dafür aber geringste körpersprachliche und mimische Veränderungen des Fragestellers wahrnehmen und daraus die richtige Antwort ableiten konnte. So stieg beim Menschen, als das Pferd nur noch ein letztes Mal mit dem Huf scharren sollte, um die Frage richtig zu beantworten, die Anspannung an. Sobald das Pferd richtig »geantwortet« hatte, ließ diese Anspannung wieder nach. Hans konnte diese minimalen Anzeichen der Anspannung und Entspannung wahrnehmen und interpretieren und wusste daher, wann er mit dem Klopfen aufhören musste. Daraus entstand der sogenannte »Kluger-Hans- Effekt«, also die unbewusste Verhaltensbeeinflussung von anderen durch die eigenen Erwartungen und Gedanken.

So wie der Kluge Hans haben Hunde gelernt, Bewegungen, Mimiken, Gesten, Änderungen bei der Körperspannung und Emotionen ihrer Menschen wahrzunehmen und auch zu interpretieren. Es ist daher extrem wichtig, sich für die Interessen seines Hundes ehrlich zu begeistern, da es nur so möglich ist, einem Vierbeiner dies auch glaubhaft zu vermitteln. Es ist schier unmöglich, Interesse und Freude so gut vorzuspielen, dass es der Hund auch glauben würde! Denn feinste körpersprachliche Signale verraten immer unsere Gefühle und Hunde sind wahre Meister, wenn es um das Lesen dieser Signale geht!

Nächste wichtige Spielregel:

Seien Sie aufrichtig in Ihren Emotionen und freuen Sie sich ehrlich mit Ihrem Hund – vorgespielte Begeisterung enttarnt er sofort!

Wenn man sich aber ein wenig mit der einen umgebenden Flora und Fauna beschäftigt, dadurch auch häufiger Wildfährten vor dem Hund entdecken kann und man zusätzlich das Verhalten des Hundes immer besser lesen kann, so wird die Glaubwürdigkeit und somit auch die Kooperation zwischen Mensch und Hund immer besser werden. Im Folgenden wird auf die Faktoren eingegangen, die den Menschen dabei unterstützen, sich das Vertrauen seines Hundes bei der gemeinsamen Jagd zu erarbeiten.

Das Lotto-Prinzip

Die gemeinsame Fährtensuche und Jagd bedeutet sowohl, dass Ihnen Ihr Hund Spuren anzeigt, als auch, dass Sie Ihrem Hund Interessantes zeigen! Jetzt haben Sie natürlich den Nachteil, dass Sie Ihrem Hund bezüglich Riechleistung bei weitem unterlegen sind. So können Sie zwar vielleicht erkennen, wo ein Wildwechsel oder eine Fegestelle ist (siehe Kapitel »Zielsicher selbst Fährten finden – kleine Spurenkunde«), Sie können aber nicht sagen, ob der Fund frisch ist oder nicht. Jetzt könnten Sie meinen, dass Ihre Glaubwürdigkeit mit jeder uninteressanten Spur, die Sie Ihrem Hund zeigen, sinkt, da Sie ihm damit ja noch deutlicher vermitteln, dass Sie ihm riech- und jagdtechnisch weit unterlegen und somit nicht ernst zu nehmen sind! Doch ich kann Sie beruhigen, dem ist absolut nicht so.

Spielen Sie Lotto? Millionen Menschen tun es! Und das, obwohl die Chancen, den Jackpot bei 6 richtigen Zahlen aus 45 zu gewinnen, im Bereich von eins zu 140 Millionen liegt! Warum spielen die Menschen dennoch, viele von ihnen regelmäßig? Weil die Hoffnung, den Jackpot trotz der schlechten Gewinnchancen zu knacken, da ist und diese mit jeder kleinen Summe, die beim Spielen gewonnen wird, noch geschürt wird!
Ebenso ist es bei der Fährtensuche: Finden Sie von 30 Spuren einmal eine für den Hund spannende, wird er die nächsten 30 Mal, wenn Sie ihm etwas zeigen, wieder nachschauen kommen. Wie bereits beschrieben wurde, haben Hunde generell eine hohe Bereitschaft, Referenzhinweisen von uns Menschen zu folgen und zusätzlich könnte das Gezeigte ja interessant und frisch sein!

Im Endeffekt bedienen Sie sich dabei ungewollt der variablen Bestätigung. Bei der konstanten Bestätigung erhält der Hund für das gezeigte Verhalten jedes Mal eine Belohnung, bei der variablen Bestätigung jedoch nur immer wieder in unregelmäßigen Abständen. Durch das »Lotteriespiel«, ob es nun eine interessante Spur zu sehen/ riechen gibt oder es doch nur etwas Altes ist, bleibt das Spiel bei der variablen Bestätigung weitaus spannender, als wenn es jedes Mal etwas Interessantes zu entdecken gäbe. Die variable Bestätigung ist also weitaus wirksamer als die konstante. Neben der Effektivität der variablen Bestätigung kommt aber noch hinzu, dass auch Ihr Hund nicht nur frische und spannende Spuren findet, deshalb ist er aber noch lange kein schlechter oder nicht ernst zu nehmender Jäger und Jagdpartner, oder?

Das Reiseleiter-Prinzip

Wenn Sie nun grundsätzlich die Angst abgelegt haben, Ihre Glaubwürdigkeit als Jagdpartner durch das Zeigen von eventuell nicht so spannenden Spuren zu verlieren und Sie bereit sind, Ihr Glück zu versuchen, stellt sich noch immer die Frage, wie Sie Ihrem Hund Spuren zeigen sollen, damit dieser auch tatsächlich nachschauen kommt, was Sie denn da entdeckt haben!

Haben Sie schon einmal eine geführte Tour mit einer Reisegruppe gemacht? Können Sie sich dabei noch an den Reiseleiter erinnern? Vermutlich hatte er einen knalligen Schirm dabei, der Ihnen und Ihren Mitreisenden dazu dienen sollte, den Anschluss nicht zu verlieren, wenn er den Weg zur nächsten Sehenswürdigkeit vorgegeben hat! Hatten Sie Zweifel, ihm zu folgen? Hatten Sie das Gefühl, er weiß den richtigen Weg zum nächsten Highlight Ihrer Reise? Wenn er seinen Job gut gemacht hat, vermutlich schon! Denn wenn er etwas von seinem Job versteht, wird er Ihnen schon beim Aussteigen aus dem Bus oder mit dem Beenden der Besichtigung der einen Sehenswürdigkeit das nächste Highlight ansagen.

Er wird Ihnen eventuell noch ein paar besondere Details aufzählen, die Sie dort erwarten werden und sich dann zielstrebig seinen Weg bis zur Sehenswürdigkeit bahnen, den Schirm in die Höhe haltend, damit Sie ihm gut folgen können! Das selbstsichere Auftreten, das zielstrebige Vorangehen und die Sicherheit, den Reisenden gleich etwas Spannendes zeigen zu können, machen ihn zu einem guten Reiseleiter, dem man gerne und ohne nachzudenken folgt.
Das bedeutet im Umkehrschluss für Sie, dass Sie so zielstrebig und »siegessicher« zu der Stelle hingehen, die interessant sein könnte, als wären Sie sich einhundert prozentig sicher, dass die Stelle nicht nur interessant sein könnte, sondern definitiv höchst spannend und frisch!

Wie eingangs in diesem Kapitel erwähnt, können uns unsere Hunde perfekt »lesen«, sprich an unserer Körpersprache erkennen, ob wir glücklich oder traurig sind, ob wir gestresst oder entspannt sind und eben auch, ob wir uns sicher sind oder nicht. Wenn Sie also zögerlich zu einer potenziell spannenden Stelle hingehen, wird die Motivation Ihres Hundes, Ihnen zu folgen und zu untersuchen, was Sie da gefunden haben, relativ gering sein. Gehen Sie aber zielgerichtet los, fokussiert auf die möglicherweise spannende Spur, wird Ihnen Ihr Hund gerne und begeistert folgen!

Aufrichtige Freude

Kennen Sie das, wenn Sie etwas Tolles erlebt haben, und Sie Ihre Freude am liebsten mit der ganzen Welt teilen würden? Ist es Ihnen schon passiert, dass Sie Ihr tolles Erlebnis Ihrem Partner oder Ihrem besten Freund aufgeregt erzählt haben und Sie dieser nur entgeistert angesehen hat und Ihre Freude so gar nicht teilen konnte? Können Sie sich an das Gefühl erinnern, das Sie daraufhin hatten? In so einem Moment schwenkt die Emotion von großer Freude in riesige Enttäuschung und Frust um und die Motivation, seine Erlebnisse noch einmal mit dieser Person zu teilen, wird relativ gering sein. Ebenso geht es Ihrem Hund, wenn er Ihnen etwas für ihn richtig Tolles zeigt und Sie es entweder gar nicht richtig wahrnehmen, die Begeisterung nicht teilen können oder das Gefundene gar negativ bewerten.

Ein Beispiel zur Verdeutlichung, warum ehrliche Begeisterung und aufrichtige Freude so wichtig ist: Schauen Sie sich bitte folgende Kinderzeichnung an:

Zeichnung eines vierjährigen Kindes.

Wenn Sie diese in einer Galerie ausstellen möchten, wird sich kaum jemand dafür interessieren.
Auch andere Menschen, die keinen direkten Bezug zu dem Kind haben, werden damit nur wenig anfangen können und beim Anblick der Zeichnung keine großartige Begeisterung oder Anerkennung empfinden. Finden Sie etwas Besonderes daran?
Die Eltern des Kindes mit Sicherheit, sie sehen in der Zeichnung weitaus mehr! So sehen sie darin die Entwicklung ihres Kindes und auch, wie es sich beim Zeichnen ganz fest konzentriert hat und dabei in seine eigene Welt abgetaucht ist. Sie sehen, wie es sich bei jeder Linie bemüht hat und sie sehen auch die Freude in den Augen ihres Kindes, als es ihnen die fertige Zeichnung ganz stolz präsentiert hat.

Die Zeichnung ist noch immer dieselbe, aber der Wert ist für das Kind und dadurch auch für die Eltern viel höher, denn der emotionale Wert ist dabei die essentielle Komponente! Das ehrliche Mitfreuen, der Stolz und die Empathie der Eltern sind es, die dem Kind das Gefühl geben, dass sich die Eltern für das, was ihr Kind tut, wirklich interessieren und sie auch Verständnis dafür haben!

Was sehen Sie nun, wenn Sie sich diese Fotos ansehen?

Schlumpf mit seinem Fund (Hasenskelett).

Sehen Sie einen Hund und das vermutlich noch etwas stinkende Skelett eines Hasen? Oder sehen Sie vielleicht einen Hund, der gerade einen für ihn richtig tollen Fund aufgespürt hat, der diesen genauestens untersucht und dann begeistert und stolz zu seinem Menschen schaut?
Wenn sie den Hund und das stinkende Skelett sehen, werden Sie sich schwertun, Ihrem Hund Verständnis für seine Interessen zu vermitteln und werden dadurch auch Schwierigkeiten haben, Ihren Hund von einem solchen Fund wieder konfliktfrei wegzubekommen.
Sehen Sie jedoch den Hund, der durch seine beeindruckende Riechleistung das Skelett über viele Meter hinweg gerochen hat, dem Geruch bis zur Fundstelle gefolgt ist und die Hasenreste dann ruhig und konzentriert untersucht hat? Der dabei nicht versucht hat, die Knochen zu verspeisen und stolz zu seinem Menschen aufgeschaut hat? Dann sehen Sie

bereits die vielen positiven Aspekte des Jagdverhaltens des Hundes und können dadurch die Leistungen, die dahinterstecken, viel besser wertschätzen. Die Folge ist, dass Sie sich immer mehr über und mit Ihrem Hund freuen können - und diese ehrliche Freude motiviert wiederum Ihren Hund, seine Funde noch öfter und begeistert mit Ihnen zu teilen. So können Sie Ihren Hund von solchen Funden nach der Begutachtung auch mit jdem Mal besser wegholen und die Jagd mit der Zeit konfliktfreier abbrechen!

Der Abbruch – Ehrliche Begeisterung statt Spielverderber

Wie eben erläutert, hilft ehrliche Freude dabei, die gemeinsame Jagd wieder konfliktfrei abzubrechen. Eine ganz wesentliche Komponente ist auch, wie der eigentliche Abbruch der Jagd durchgeführt wird, damit der Hund diesen konfliktfrei erlebt!

Ein Beispiel aus dem menschlichen Leben: Eine Familie mit einem kleinen Kind ist im Vergnügungspark und das Kind hat an einer Attraktion besonderes Interesse gefunden. Es läuft schnurstracks darauf zu und möchte mit dieser immer und immer wieder fahren. Nach ein paar Fahrten sind die Eltern jedoch der Meinung, dass es nun genug sei. Es gibt nun mehrere Möglichkeiten für die Eltern, dem Kind zu vermitteln, dass jetzt nicht mehr mit der Attraktion gefahren, sondern weitergegangen wird.

Die Eltern könnten dem Kind sagen, dass es nun genug ist, sobald das Kind aber zu quengeln beginnt, ihm noch eine weitere Fahrt zugestehen. Das kann funktionieren, muss es aber nicht. Zumeist wird die Streiterei um weitere Fahrten nach der zusätzlichen Fahrt erneut losbrechen (Stichwort: variable Bestätigung!).

Eine weitere Option ist, dem Kind mit dem sofortigen Aus im Vergnügungspark und der Heimfahrt zu drohen, wenn es nicht sofort weitergeht. Die Reaktion des Kindes auf diese Vorgehensweise wird ein emotionaler Ausbruch mit vielen Tränen sein und das tolle Erlebnis der vorangegangenen Fahrten wird schnell in den Hintergrund rücken. Die Eltern würden damit die eben noch dagewesene tolle Stimmung ka-

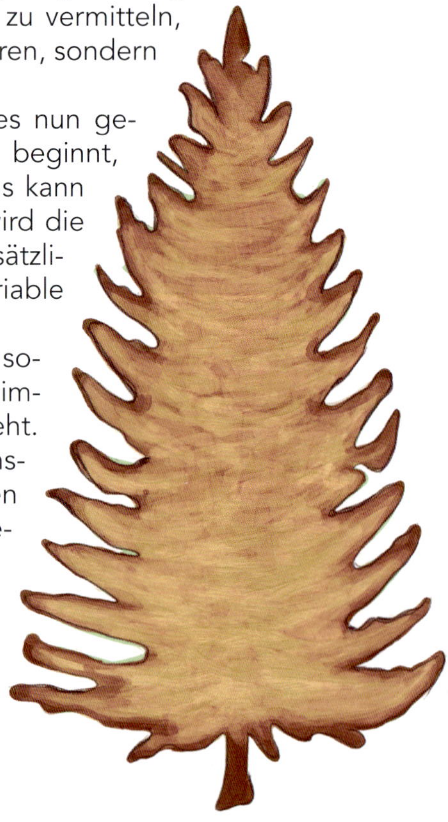

putt machen (negative Strafe – etwas Angenehmes kommt weg und positive Strafe – schlechte Stimmung kommt dazu).
Noch eine Möglichkeit wäre, dass man dem Kind nach der letzten Fahrt zum Beispiel Folgendes sagt: »War toll, gell?! Komm, gehen wir dort drüben hin, dort, wo es so schön leuchtet! Schauen wir einmal, was es dort Spannendes gibt!« (Positive Bestärkung – wenn das Kind mitkommt, bekommt es etwas Tolles dazu).

Was meinen Sie, ziehen die Eltern das Kind bei der dritten Variante in ihren Bann und tut sich das Kind so leichter, sich von der einen Attraktion loszureißen und mit den Eltern mitzugehen? Ich bin mir sicher! Denn die ersten beiden Alternativen haben etwas »Endgültiges«, etwas von »Jetzt ist gleich der Spaß vorbei!« und bei der dritten Option hat das Kind Aussicht auf etwas Neues, auf etwas anderes, ebenfalls Spannendes! Und das, nachdem es ja das, was es unbedingt machen wollte, schon machen durfte!

Legt man das Ganze nun auf den Jagdabbruch beim Hund um, wären die Ergebnisse wohl ähnlich:
Nachdem der Hund bei seinem Menschen nachgefragt hat, also die tolle Fährte angezeigt hat und der Mensch daraufhin mit dem Hund gemeinsam aufs Startkommando hin der Fährte ein Stück weit gefolgt ist, muss die Jagd dann auch irgendwie wieder vom Menschen abgebrochen werden, und das in der Form, dass es der Hund freiwillig tut! Diese Freiwilligkeit impliziert natürlich, dass der Hund gerne mitmacht und daraus einen Nutzen für sich ziehen kann.
Erfolgt der Abbruch mit schlechter Stimmung, vielleicht sogar entnervt und mit scharfer Stimme oder auch nahezu emotionslos, wird Sie der Hund nicht als Initiator für neue Abenteuer sehen, sondern schlichtweg als Spielverderber – und dementsprechend schwer wird es ihm fallen, die Suche abzubrechen. Sagen Sie aber ein bestimmtes Abbruchsignal (ein Wort oder eine Phrase, mit dem/ der Sie zukünftig die Fährtensuche ab-

brechen möchten) freudig und motivierend und zeigen Sie dabei auch noch Initiative und starten mit dem Abbruch sogleich zu einer neuen Entdeckungstour, wird Ihr Hund das Abbruchsignal nicht als solches wahrnehmen, sondern als Aufruf zu neuen Abenteuern und dementsprechend leichter wird ihm der Abbruch fallen! Das neue Abbruchsignal wird für den Hund zum Markersignal, also zu einer Ankündigung für eine Belohnung.

Nächste wichtige Spielregel:

Seien Sie kein Spielverderber! Gestalten Sie Ihr Abbruchsignal eher wie einen Aufruf zu neuen Abenteuern und Ankündigung einer neuen Belohnung anstatt als Signal für das Ende allen Spaßes.

Teil 3

Das JAA-Konzept in der Praxis

6. Grundsätzliches

Das Jagd-Appetenz-Anker (JAA) Training baut, wie der Name schon sagt, auf dem Zugestehen eines Jagdverhaltens unter bestimmten, kontrollierten Bedingungen auf. Wie das Training in der Theorie ablaufen sollte, um einen möglichst großen Erfolg zu haben, wurde bereits erklärt, wie es nun aber in der Praxis im Detail aussehen soll, wird in diesem Kapitel aufgearbeitet.

Grundsätzlich ist es bei dem Konzept wichtig, auf die besonderen Bedürfnisse jeder einzelnen Hundepersönlichkeit einzugehen, damit das Vertrauen wachsen kann und der größtmögliche Nutzen für beide Seiten, also für Mensch und Hund, erreicht wird. Es ist also auch essenziell, auf den Jagdtypus einzugehen, der bei dem eigenen Hund vorrangig ausgeprägt ist. Aufgrund der Wichtigkeit wird darauf später noch genau eingegangen. Es gibt jedoch gewisse Faktoren, die unabhängig von dem jeweiligen Jagdtypen immer bedacht werden sollten und auf die man beim Training unbedingt Rücksicht nehmen sollte.

Das Equipment

»Es gibt kein schlechtes Wetter, nur schlechte Bekleidung!« Dieses Motto kennen Sie bestimmt und es trifft auch auf Spaziergänge in Wald und Flur mit Ihrem Hund zu. Zusätzlich zu einer dem Wetter angepassten Kleidung sollten Sie festes Schuhwerk und lange Hosen als Ausrüstung wählen. Das klingt jetzt wie in einer effektheischenden und dramatisierenden Werbung für die nächste abenteuerreiche Fotosafari in Afrika, aber wenn Ihnen Ihr Hund eine spannende Fährte zeigt und Sie sich über Stock und Stein hinweg durch Brombeerstauden oder Brennesselpflanzen einen Weg bahnen, werden Sie verstehen, warum! Und auch wenn Brennesselpflanzen nur selten über Hüfthöhe hinauswachsen: wenn

Sie nicht unfreiwillig zum Blutspender für Gelsen (Stechmücken) und Zecken werden möchten, sollten Sie auch über ein langes Shirt nachdenken.
Ob Sie sich selbst etwas zu Essen und Trinken mitnehmen, liegt in Ihrem Ermessen, für Ihren Hund sollten Sie jedenfalls kleine, möglichst weiche Kekse (Leckerlies wie Wurst, Käse oder ähnliches, jedenfalls etwas, das Ihr Hund gerne frisst) und auf jeden Fall Wasser mitnehmen. Auch wenn Sie Ihrem Hund für das Verfolgen einer Fährte keinen Keks geben müssen, da das Verfolgen der Fährte ja schon die größte Belohnung darstellt, kann es sein, dass Sie mal einen Keks benötigen, um Ihren Hund, der die Nase gar nicht mehr aus einem Mausloch herausnehmen kann, von dem Loch wieder wegzubekommen. Oder Sie möchten in einer Jagdpause ein paar Kekse streuen, damit sich der Erregungslevel Ihres Hundes durch die konzentrierte Suche wieder etwas senken kann. Oder es ist zwischendurch auch ganz einfach einmal das Gehen an lockerer Leine eine Belohnung wert.
Als Leine empfiehlt sich eine möglichst schlichte Leine, also möglichst ohne »Ringerl« und Schlaufen, damit sich diese nicht ständig im Gestrüpp verheddert. Wenn Sie bei langen Schleppleinen mit dem Handling zurecht kommen, nehmen Sie eine solche; fabrizieren Sie damit jedoch regelmäßig einen gordischen Knoten, nehmen Sie besser eine kürzere Leine. Eine Mindestlänge von drei Metern sollten Sie jedoch nicht unterschreiten. Denn wenn Sie dynamisch losgehen und Ihr Hund nicht im selben Sekundenbruchteil mit Ihnen mitgeht, zerren Sie ihn mit einer sehr kurzen Leine unabsichtlich schnell mit sich. Neben der Verletzungsgefahr stellt das mit dem Ruck einhergehende Abstoppen eine Bestrafung dar und Ihr Hund soll Ihnen ja gerne und aus freien Stücken folgen!
Stichwort Bestrafung: Im Kapitel über den lerntheoretischen Hintergrund (Kapitel 4) wurde erläutert, dass das Zurückhalten an der Leine, also wenn Sie Ihren Hund im ersten Moment daran hindern, dort hinzugehen, wo er gerade gerne hingehen würde, strenggenommen als Bestrafung für den Hund zu bewerten ist und es daher ganz wichtig ist, dass das Zurückhalten ganz sanft erfolgt, also nicht in einem abrupten Abstoppen oder gar Leinenruck enden darf, damit es für den Hund keine verschre-

ckende oder gar schmerzhafte Erfahrung wird. Dies ist jedoch nur möglich, wenn Sie Ihren Hund mit einem Brustgeschirr ausstatten. Denn egal wie sanft Sie versuchen, Ihren Hund an einem Halsband zurückzuhalten - der gesamte Druck erfolgt auf seinen sensiblen Halsbereich und erhöht damit neben einem bestenfalls unangenehmen Gefühl leider eher ein Schmerz- und Verletzungsrisiko. Wenn der Hund also nicht aus medizinischen Gründen ein Halsband tragen soll, ist ein Brustgeschirr bei der Jagd unumgänglich.

So auch beim gemeinsamen Verfolgen der Fährte. Denn sobald Sie Ihrem Hund das Startsignal für die gemeinsame Verfolgung der Fährte geben und Ihr Hund an der Leine zu ziehen beginnt (was er in dem Moment ja darf), macht er mit dem Halsband durch den Druck auf den Halsbereich eine negative Erfahrung. Bei einem Brustgeschirr verteilt sich dieser Druck weitaus besser auf den gesamten Bereich des Brustkorbes. Vergessen Sie bitte Aussagen wie jene, dass der Hals von Hunden so stark bemuskelt sei, dass ihnen der Druck, der von der gespannten Leine auf ein Halsband und somit auf den Hals des Hundes übertragen wird, nichts ausmache.

Prägen Sie sich unterstützend einfach folgenden Vergleich hinsichtlich Sicherungshilfsmittel von Menschen und Hund gut ein:

Eine Leine ist ein Sicherungsinstrument, damit Ihrem Hund, Ihnen und anderen nichts passieren kann. So verhält es sich auch mit einem Sicherheitsgurt im Auto oder einem Klettergurt beim Klettern. Niemals würde es uns einfallen, unsere Kinder im Auto mit etwas anderem als einem Sicherheitsgurt vor Verletzungen bei einem Aufprall zu schützen und auch einem Kletterer würde es nie in den Sinn kommen, an einem Halsband gesichert eine Wand hinaufklettern, sondern er wird sich mit einem Klettergurt schützen, um bei einem Absturz unverletzt zu bleiben. Und ebenso, wie es bei einem Sicherheitsgurt im Auto oder einem Klettergurt keine Diskussion gibt, dass dies die einzig richtigen Hilfsmittel sind, um Verletzungen zu vermeiden, sollte es auch beim Brustgeschirr des Hundes keine geben. Wenn Ihr Hund jedoch aufgrund gesundheitlicher Probleme kein Brustgeschirr tragen kann, empfiehlt sich ein Training mit einem möglichst breiten Halsband. Das setzt aber viel Vorsicht und sehr vorausschauendes Handeln Ihrerseits voraus!

Der richtige Start ist die halbe Miete!

Im theoretischen Teil zum JAA-Konzept wurde bereits darauf eingegangen, dass die gemeinsame Jagd eine Belohnung darstellt und nicht den ganzen Spaziergang lang ausgeübt wird. Das bedeutet natürlich auch, dass der Spaziergang nicht mit dem gemeinsamen Jagen beginnt, sondern erst einmal ein wenig Ruhe einkehren muss, damit die Aufmerksamkeit und Kommunikationsmöglichkeit bei den Jagdsequenzen überhaupt gegeben ist.

Der Spaziergang beginnt mit dem Verlassen des Hauses oder dem Aussteigen aus dem Auto. Läuft dieser Start ruhig und strukturiert ab, fällt es dem Hund schon viel leichter, die Umgebung entspannter zu erkunden. Wenn man diese erste Hürde überwunden hat, sollte man darauf achten, diese Strategie auch die nächsten zehn bis 15 Minuten zu verfolgen. Der Anfang des Spaziergangs gestaltet sich also möglichst ruhig. Loben und bestätigen Sie auch in dieser Phase des Ausfluges ausgiebig, wenn Ihr Hund das gewünschte Verhalten, also das ruhige Gehen an lockerer Leine, zeigt. Bestätigen Sie Ihren Hund aber nicht nur dann, wenn er perfekt neben Ihnen läuft, sondern honorieren Sie schon jeden Schritt in die richtige Richtung. Schließlich fällt es Ihrem Hund bei all den spannenden Gerüchen gerade gar nicht leicht, Ihnen gegenüber aufmerksam zu sein.

Erst nach einem ruhigen Start beginnt man die gemeinsame Fährtensuche und -verfolgung mit einem Startkommando (zum Beispiel.: »Auf geht's!«). Ab diesem Zeitpunkt wird gemeinsam gejagt. Warum ist dieser Aufwand zu Beginn des Spazierganges so wichtig? Warum kann man den Hund nicht einfach mal seine »Energien« loswerden lassen und dann zu trainieren beginnen? Ganz einfach: Der Hund macht keinen Unterschied, ob der Mensch eine Situation gerade als Übungssituation einstuft oder nicht, für ihn ist es das Leben, sein Alltag, und umso klarer die Spielregeln sind, desto entspannter kann der Hund durchs Leben gehen. Der Hund lernt durch den geregelten Ablauf, dass er, wenn der Beginn des Spazierganges ruhig abläuft, seinen Interessen nachgehen darf, wodurch er das entspannte Gehen zu Beginn des Spazierganges immer öfter zeigen wird.[7] Genau diese Gelassenheit ist wichtig, damit auch die gemeinsame Spurensuche ruhig ablaufen kann.

7 *(siehe Premack-Prinzip in Kapitel Timing und richtige Belohnung).*

Auf die Plätze, fertig … los

Wenn nun gemeinsam nach Wildspuren gesucht wird und der Hund eine interessante Spur entdeckt, ist es ganz wichtig, dass der Mensch darauf beharrt, dass der Hund seinen Fund so lange und so deutlich anzeigt, bis der Mensch den Hund erreicht hat, um dann mit einem Signal die gemeinsame Verfolgung der Fährte einzuleiten. Ob der Hund nun »nur« stehen bleibt, oder dabei, wie es für manche Rassen typisch ist, eine Pfote anwinkelt (vorsteht) oder er sogar zu seinem Besitzer sieht, ist nicht vorrangig und kann auch je nach Hund variieren. Wichtig ist aber, dass der Hund nicht alleine losläuft. Das Anzeigeverhalten ist ein unumgängliches Fundament für die gemeinsame Spurensuche!

Border Terrier Schlumpf zeigt so deutlich an, dass er etwas Spannendes entdeckt hat.

Dies sieht in der Praxis folgendermaßen aus: Der Hund wird aufgeregter, weil er etwas Spannendes gefunden hat. In diesem Moment, am besten noch, bevor sich die Leine spannt (mit der Zeit zeigt es Ihr Hund deutlicher und Sie erkennen es immer früher), wird der Hund dafür gelobt. Dann jedoch wird er, falls er aufgrund des Lobes nicht sowieso kurz innehält, an der Leine zurückgehalten, damit er der Fährte nicht selbstständig folgen kann oder sich dem Fund selbstständig weiter nähern kann. Nun wird sich der Hund vermutlich noch fester in die Leine legen, um seinem Ziel näher zu kommen. Da bleibt der Mensch geduldig und hält den Hund weiterhin zurück, sagt aber nichts mehr zu ihm, also lobt ihn nicht mehr.

In dieser Phase testet der Mensch immer wieder, ob der Hund schon ein wenig den Druck aus der Leine nimmt, er sich also ein wenig zurücknimmt. Dafür gibt der Mensch dem Hund immer wieder wenige Millimeter Leine nach. Legt sich der Hund in dem Moment nicht wieder verstärkt in die Leine, wird er ausgiebig und ehrlich gelobt, schafft er es noch nicht, wird wieder ruhig gewartet. Zu Beginn kann es etwas länger dauern, bis sich der Hund ein wenig zurücknimmt - aber nur Geduld, er tut es, versprochen! Wenn sich der Hund dann kurz zurückhalten kann (ich spreche da zu Beginn von weniger als einer Sekunde) und sich vielleicht sogar zu seinem Menschen umdreht, erfolgt sofort das Startsignal (etwa ein »Los geht's« oder ein »Na zeig's«) für das gemeinsame Verfolgen der Fährte oder für die gemeinsame Untersuchung des Fundes. Auch wenn es zu Beginn eventuell etwas länger dauert, bleiben Sie auf jeden Fall konsequent stehen, halten Sie der von Ihrem Hund aufgebauten Spannung in der Leine entgegen, achten Sie dabei aber darauf, dass Sie die Spannung nicht weiterhin aufrechterhalten, wenn Ihr Hund eigentlich schon gar nicht mehr zieht.

Starten Sie erst dann die Jagdsequenz, wenn Ihr Hund die Spannung kurz abbaut und sich eventuell auch zu Ihnen umdreht oder eine Pfote anwinkelt (vorsteht). So lernt Ihr Hund sehr schnell, dass er es beeinflussen kann, wie schnell Sie die gemeinsame Jagd beginnen und er wird Ihnen daher die Funde immer schneller, deutlicher und länger zeigen.

Das klare Anzeigen von interessanten Funden ist ein ganz wesentlicher Faktor, damit das JAA-Training

funktioniert, Ihr Hund also nicht mehr alleine losstartet! Doch seien Sie fair, zeigen Sie dabei die gleiche Konsequenz und Genauigkeit, die Sie später auch von Ihrem Hund erwarten! Wenn Sie also zum Beispiel herausgearbeitet haben, dass Ihr Hund stehen bleibt, wenn er etwas entdeckt hat, bestehen Sie immer darauf, dass er bei Funden auch wirklich stehen bleibt. Geben Sie sich also nicht mit weniger zufrieden, denn nur so kann der Hund lernen, dass das Anzeigen von Fährten oder anderen Funden Voraussetzung dafür ist, Wildspuren weiter untersuchen zu dürfen. Wenn Sie Ihrem Hund das klar vermitteln können, wird er Ihnen zukünftig gerne Interessantes zeigen, da ihn das Anzeigeverhalten ja zum Erfolg bringt!

Benennen Sie dieses Stehenbleiben und/ oder Vorstehen ruhig mit einem »Steh« , wenn Sie dies freundlich sagen können, oder auch einem »Warte« oder dergleichen. Erarbeiten Sie sich auch eine immer längere Dauer dieses Stehenbleibens. Um das zu erreichen, können Sie Ihren Hund, nachdem er die Spannung in der Leine abgebaut hat, in einer Dauerschleife mit ruhiger Stimme so lange loben (Bauen Sie in das Lob ruhig das »Steh« oder »Warte« ein, also zum Beispiel »super steh« oder »fein warte«), bis Sie ihm das Signal zum Losstarten geben. Bedienen Sie sich also des Prinzips der intermediären Brücke[8]. Im Optimalfall spannt der Hund dann die Leine nicht mehr, bis Sie ihm das Startsignal geben. Schafft er es jedoch nicht, sich so lange zurückzuhalten, haben Sie einfach noch ein wenig zu viel von ihm verlangt. Lassen Sie Ihren Hund dann aber dennoch nicht losstarten, wenn er sich wieder in die Leine legt. Erarbeiten Sie sich vielmehr noch einmal, dass sich Ihr Hund zurücknimmt und schicken Sie ihn dann aber relativ schnell mit Ihrem Startsignal los. Beim nächsten Fund können Sie die Dauer dann wieder ein wenig ausbauen, achten Sie dabei aber darauf, nicht zu schnell vorzugehen. Denn wenn es Ihr Hund nicht mehr schafft, sich zurückzuhalten, bis das Startsignal erfolgt, war es nicht sein Fehler, sondern, auch wenn Sie das jetzt vielleicht nicht gerne hören möchten, Ihrer, da Sie dann die Anforderung noch ein wenig zu hoch angesetzt haben. Umso seltener Ihnen dies passiert, desto besser, denn desto schneller haben Sie Erfolg! Gehen Sie daher zu Beginn in kleinen Schritten vor! Wie der Trainingsablauf aussehen kann, zeigt die Bilderfolge auf der nächsten Seite.

---

8 intermediäre Brücke: Die intermediäre Brücke ist eine (dritte) Form des Verstärkers, der dem Hund signalisiert, dass er mit seinem Verhalten auf dem richtigen Weg ist. (Beispiel: Topfschlagen)«

Luna hat etwas entdeckt und möchte unbedingt hin! Ihr Mensch wartet geduldig, zieht sie nicht zurück, lässt sie aber auch nicht näher zu der spannenden Stelle.

Noch ist Luna sehr angespannt, stemmt sich gegen die Leine und ist nur auf den Fund fokussiert. Weil Luna dann merkt, dass sie so ihrem Ziel nicht näher kommt …

… nimmt sie den Druck aus der Leine und blickt zu ihrem Menschen, um Informationen zu erhalten, wie es weitergeht. In dem Moment erfolgt das Startsignal und …

… Luna darf den anfangs etwas unheimlichen Fund (eine tote Krähe) untersuchen.

Dadurch, dass Luna nun den Fund gemeinsam mit ihrem Menschen untersuchen darf, ist sie weitaus entspannter!

Die können sollen, müssen auch wollen dürfen!

Haben Sie diesen Satz »Die können sollen, müssen auch wollen dürfen!« von Johannes Conrad schon einmal gehört oder gelesen? Er ist ein guter Leitsatz in der Hundeerziehung allgemein, aber auch oder gerade bei der Verfolgung von für den Hund wichtigen und interessanten Fährten! Denn auch wenn bereits besprochen wurde, warum Hunde unter bestimmten

Bedingungen jagen dürfen sollten, werden sich in der praktischen Umsetzung diverse Fragen stellen.

Deshalb folgen nun ein paar FAQs des JAA-Trainings:

1) Wie erkennt man, ob das, was der Hund gerade entdeckt hat, auch wirklich spannend für ihn ist?

Diese Frage ist relativ leicht zu beantworten, denn umso spannender die Spur, desto aufgeregter wird Ihr Hund reagieren, und umso mehr wird er Ihnen dies im Normalfall körpersprachlich zeigen. Eindeutige Anzeichen können sein: Seine Körperspannung nimmt zu, er schnüffelt auf einmal ganz intensiv, er wird hektisch, er »saugt« sich mit der Nase an einer Spur fest oder er riecht mit angehobenem Kopf gegen den Wind (er nimmt die Witterung auf). Solche Indizien können Ihnen helfen, zu erkennen, ob es etwas Spannendes für Ihren Hund ist oder nicht! Schwieriger wird es dann schon, zu unterscheiden, was der Hund Interessantes gefunden hat. Ob es sich um jagdbares oder wehrhaftes Wild handelt, werden Sie sehr schnell daran erkennen, wie Ihr Hund die Fährte untersucht. Geschieht dies sehr zaghaft, vorsichtig und zeigt er körpersprachlich die Bereitschaft zur Flucht, hat er vermutlich etwas entdeckt, das ihm gefährlich werden könnte, wie etwa einen Dachs, einen Biber oder ein Wildschwein. So etwas wissen Hunde instinktiv! Auch bei toten Tieren reagieren Hunde, die so etwas noch nicht erlebt haben, oft sehr vorsichtig. Handelt es sich aber um jagdbares Wild wie Hasen, Fasane oder Rehe, ist bei dem Hund alles nach vorne gerichtet, da werden Sie kaum Zurückhaltung erleben!

2) Wie kann man unterscheiden, ob der Hund nun eine Wildfährte oder eine Hundespur oder Pinkelstelle gefunden hat?

Sehr aufgeregt und ähnlich wie bei Wildfährten reagieren Hunde oft auch, wenn kurz vor ihnen ein anderer Hund denselben Weg genommen oder wenn ein anderer Hund an einer Stelle markiert hat. Auch da zieht der Hund auf einmal an der Leine, schnüffelt intensiv am Boden oder nimmt die Witterung in der Luft auf und möchte zielgerichtet an einen bestimmten Ort. Den Unterschied in der Körpersprache Ihres Hundes zwischen dem Fund einer Wildfährte, der Spur eines anderen Hundes oder einer Pinkelstelle werden Sie aber recht schnell erkennen, wenn Sie in der Anfangsphase jede interessante Spur wie eine Wildfährte behandeln! Also auch, oder gerade wenn Sie sich nicht sicher sind, ob Ihr Hund nur zu einer Pinkelstelle möchte, ziehen Sie das Programm vom Einfordern des Anzeigens bis zum Losschicken mit Kommando durch und beobachten Sie Ihren Hund dann genau. Achten Sie darauf, was er zeigt, wenn es sich um eine Wildfährte handelt und vor allem, was er jetzt anders macht als bei der Wildfährte. Wenn ein Hund einen geeigneten Platz zum Verrichten eines großen Geschäfts sucht, erkennt dies der Hundehalter immer schon vorab daran, wie sich der Hund bewegt und was er sonst körpersprachlich zeigt. Das hat der Mensch rein durch Beobachten gelernt und ebenso kann man den Unterschied zwischen den körpersprachlichen Merkmalen, die Ihr Hund bei interessanten Spuren von Wild oder von Hunden zeigt, durch genaues Hinschauen lernen. Neben Wildspuren, die Sie nach dem Lesen dieses Buches erkennen können[9], achten Sie ein wenig auf die Lage der interessanten Stellen. So befinden sich interessante Pinkelstellen von anderen Hunden meist an Wegesrändern in unmittelbarer Siedlungsnähe. Auf Wald- und Feldwegen treffen Sie vorrangig auf Wildspuren.

3) Kann es sein, dass ein Hund zwar Interesse an Spuren hat, man es ihm aber nicht ansieht?

Bei manchen Hunden hat man das Gefühl, das man noch so genau hinschauen kann, man aber keine Gefühlsregung oder körpersprachliche Veränderung erkennen kann, obwohl der Hund bestimmt Interesse an der gerade entdeckten Fährte hat! Dies sind meist Hunde, denen es bisher verboten wurde, sich »offiziell« für Wildspuren zu begeistern. So wurde jedes Anzeichen von Interesse für Wild mit »Nein«, »Aus«, oder »Pfui«, kommentiert oder gar mit einem Leinenruck oder Schlimmerem bestraft. Der Hund hat also Folgendes verknüpft: »Sobald ich mich offen über meinen Fund freue und meine Aufregung deutlich zeige und die Fährte genau untersuche, hat das negative Konsequenzen für mich. Wenn ich es mir aber nicht anmerken lasse, kann ich in einem unbemerkten Augenblick schnell loslaufen und die Spur trotzdem untersuchen!« Das sind die

9 *Siehe Kapitel »Zielsicher selbst Fährten finden – kleine Spurenkunde« und Kapitel »Wildspuren erkennen und zuordnen«*

wenigen Hunde, bei denen das »Und plötzlich ist er weg!« wirklich stimmt, weil der Hund zu einem hervorragenden Schauspieler geworden ist. Bei diesen Hunden, die schlechte Vorerfahrungen gemacht haben, muss man erst wieder die kleinen körpersprachlichen Zeichen herausarbeiten und sie dann schnell zum Erfolg kommen lassen, bevor man sich mit dem Erarbeiten eines deutlichen Anzeigeverhaltens beschäftigen kann. Wenn man einen solchen Hund hat, sollte man ihn bei einem Spaziergang erst einmal ganz genau beobachten. Schaut er vielleicht kurz zu einem Gebüsch, hat er den Kopf grundsätzlich eher unten und nimmt ihn nur kurz einmal hoch (oder umgekehrt, hat er den Kopf grundsätzlich eher oben und nimmt ihn nur kurz einmal runter), oder trägt er den Schwanz auf einmal weiter oben? Es kann viele ganz kleine Zeichen geben, mit denen sich Ihr Hund »verrät«. Bemerken Sie eine kleine Veränderung in seiner Körpersprache, loben Sie ihn dafür und gehen Sie ruhig mit ihm in die Richtung, in die er kurz gesehen oder geschnüffelt hat! Den Abbruch können Sie dann schon so machen, wie Sie es später auch machen möchten, nur das Startsignal bauen Sie erst zu einem späteren Trainingszeitpunkt ein. Wann das ist, werden Sie recht schnell bemerken, denn sobald Ihr Hund verstanden hat, dass er von nun an Ihre Erlaubnis zum Jagen hat, wird er seine Verschleierungsmaßnahmen wieder abbauen! Es kann und wird aber am Anfang so sein, dass Ihr Hund, obwohl Sie ihn loben, die Spur dennoch nicht untersuchen wird, denn da sitzt das Verbot noch zu tief. Deshalb wird er zu Beginn dabei Ihre Unterstützung benötigen! Sie können Ihrem Hund helfen, indem Sie die Initiative ergreifen und dorthin, wo er eigentlich gerne etwas untersucht hätte, vorausgehen. Ihr Hund wird Ihnen gerne folgen und wird dann immer öfter auch vor Sie laufen, um die spannende Stelle zu inspizieren. Erst, wenn er verlässlich von sich aus freudig den Spuren folgt, fangen Sie an, das Warten und Anzeigen herauszuarbeiten.

4) Was tun, wenn der Hund zwar etwas anzeigt, auf das Startsignal hin dann der Fährte aber nicht nachgeht?

Auch Hunde, die keine schlimmen Erfahrungen gemacht haben, zeigen zwar manchmal an, dass sie etwas Spannendes entdeckt haben, möchten aber, sobald sie dann das Startsignal erhalten, dieser interessanten Spur nicht mehr nachgehen. Eine Möglichkeit, warum der Hund so reagiert, kann sein, dass er beim Anzeigen bemerkt hat, dass die Fährte

eigentlich doch gar nicht so spannend war wie zunächst erwartet. Von dieser Ursache können Sie ausgehen, wenn Ihr Hund sonst auf das Startsignal hin losläuft und es nur ab und zu vorkommt, dass der Hund dann die Suche abbricht. In diesem Fall mit dem Abbruchsignal den Spaziergang einfach fortsetzen! Auch hier gilt das Lotto-Prinzip (Siehe in Kapitel 5 »Das Lotto-Prinzip«)! Wenn der Abbruch aber sehr häufig oder sogar immer vorkommt, kann es sehr gut sein, dass Ihr Hund noch nicht verstanden hat, dass er nun tatsächlich mit Ihnen gemeinsam seiner Leidenschaft nachgehen darf.
Unterstützen Sie Ihren Hund so, als ob er schlechte Erfahrungen gemacht hätte. Gehen Sie vorweg, damit Ihr Hund Ihnen folgen kann und er dabei lernt, dass es in Ordnung und erlaubt ist, Fährten zu untersuchen. Der einzige Unterschied ist, dass Sie hier von Anfang an mit dem Startsignal arbeiten können! Durch das Anzeigen und das Startsignal kann Ihr Hund sehr gut unterscheiden, wann es ein normaler Spaziergang ist und wann er mit Ihnen gemeinsam eine Spur untersuchen darf!
Ebenso verhält es sich mit dem Ziehen an der Leine. Eine Sache, die ein Hund unbedingt lernen sollte ist, an lockerer und entspannter Leine zu gehen oder zu laufen. Das Schöne ist, dass Hunde auch hierbei sehr gut unterscheiden können, wann Sie gemeinsam eine Fährte verfolgen und sie deshalb ziehen dürfen und wann der normale Spaziergehmodus an lockerer Leine gefragt ist. Achten Sie aber darauf, dass nach dem Verfolgen einer Fährte wieder Ruhe einkehrt, Sie die Aufregung des Hundes wieder reduzieren und Sie konsequent daran arbeiten, dass die Leine nach dem Verfolgen der Spur wieder locker ist!

5) Darf der Hund beim Verfolgen der Fährte eigentlich an der Leine ziehen?

Beim Verfolgen von Wildfährten darf der Hund an der Leine ziehen und darf der Fährte mit Ihnen gemeinsam auch ruhig ein Stück weit nachgehen.

6) Wie reagiert man am besten, wenn die Fährte zwar überaus spannend ist, aber in unzugängliches Gelände führt?

Sie müssen und sollen sich natürlich nicht mit Ihrem Hund durch dichtes Gestrüpp schlagen, über Zäune klettern oder mit ihm über frisch angesäte Felder laufen! Was Sie aber tun können, ist, ein Stück entlang des Hindernisses zu laufen, um eventuell noch einen anderen Zugang zu finden und dann die Suche abzubrechen. Dass Sie mit dem Entlanglaufen am Hindernis Ihren Hund nicht von der eigentlichen Fährte wegbringen, sondern eben nur versuchen, eine zugänglichere Stelle zu finden, können Sie ihm auch ruhig sagen (zum Beispiel: »Anderer Weg!«), damit er lernt, gegebenenfalls aktiv mit Ihnen nach anderen Wegen zu suchen.

7) Auf das Wild zulaufen?

Neben dem Entdecken von Wildfährten kommt es immer wieder auch zu Begegnungen mit Wildtieren – plötzlich steht ein Reh auf der Wiese oder läuft ein Hase über den Weg.
Entdecken Sie das Tier zuerst, zeigen Sie es Ihrem Hund! Doch egal, ob Sie oder Ihr Hund es zuerst sehen – die Frage bleibt, wie man dann am besten vorgehen sollte. Denn dass es für den Hund spannend ist und er gerne darauf zu/hinterherlaufen würde, ist unumstritten, und wenn etwas toll und interessant ist, muss der Hund ja untersuchen dürfen!
Grundsätzlich ja, aber: Wildtiere dürfen auf keinen Fall erschreckt und gestört werden! Das heißt, wenn ein Reh nun sehr weit weg steht und der Hund den Geruch windbedingt in die Nase bekommt, kann man schon ein kleines Stück in die Richtung des Rehs laufen. Aber eben nicht so weit, dass das Wildtier flüchtet! Steht das Reh relativ nahe, wird man es mit dem Hund gemeinsam ruhig ansehen, den Hund dafür ruhig und viel loben und nur, wenn das Reh weiterzieht, den Weg in die Richtung fortsetzen.
Das gilt auch für jedes andere Wild. Drückt sich etwa ein Hase ins Gras, wird man natürlich nicht auf ihn zulaufen, läuft er über den Weg und ist weit genug weg, kann man ihm nach dem Startsignal noch kurz gemeinsam die Stelle untersuchen, an der der Hase den Weg gekreuzt hat. Bewegt sich ein Wildtier nicht von selbst und in Ruhe weg, brechen Sie die Jagd nach dem Beobachten des Tieres mit viel Emotion ab und suchen Sie sich sofort etwas Neues, das Sie gemeinsam untersuchen können. Ist nichts in der Nähe, bestätigen Sie Ihren Hund mit etwas, das zumindest ansatzweise dafür entbehrt, dass er sich dem Wildtier nicht mehr

weiter nähern durfte. Wenn möglich, kommen Sie nach ein paar Minuten zu der Stelle, an der Sie das Wildtier gesehen haben, zurück. Im Normalfall ist das Tier nun nicht mehr da und Sie können Ihren Hund zum Untersuchen und Aufnehmen der interessanten Gerüche hinschicken.

Generell gilt aber, dass Sie der Spur lieber kürzer folgen und früher abbrechen, wenn Sie sich nicht sicher sind, ob sie einem Wildtier nahe sind.

Elliot begegnet einer Katze und wartet auf Informationen von seinem Menschen. In dem Fall darf er nicht auf die Katze zulaufen, sondern wird mit einem Laufspiel in die andere Richtung bestätigt. Sobald die Katze weg ist, darf er die Stelle aber untersuchen!

Wenn man es selbst nicht glaubt, wie sollen es dann andere tun?

In den letzten Kapiteln ging es vorwiegend darum, richtig zu reagieren, wenn der Hund eine Fährte oder andere Spuren von Wildtieren entdeckt hat. Bei einem gemeinsamen Hobby, einem gemeinsamen Interesse, geht es allerdings nicht nur darum, auf die Zeichen des Hundes zu reagieren, sondern auch darum, selbst zu agieren, also aktiv auf Wildspuren zu achten und diese dem Hund auch zu zeigen! Es ist mir natürlich bewusst, dass diese Umstellung schwierig sein kann. Auf einmal ist die Jagd des Hundes nicht nur nichts Böses mehr, sondern erwünscht und erlaubt und Sie sollen sich sogar als vertrauter Jagdpartner in die Spurensuche einbringen! Hilfreich ist hierbei natürlich, selbst ein wenig mit Wildspuren vertraut zu sein. Denn wenn Sie zumindest ein paar häufig vorkommende Spuren

erkennen können, haben Sie schon einmal die Möglichkeit, diese Ihrem Hund zu zeigen. Dazu kommt, dass Sie, wenn Sie eine Wildspur identifiziert haben, diese auch sehr selbstsicher Ihrem Jagdpartner zeigen können, denn mit Trumpf im Ärmel lässt es sich leicht siegessicher sein!
Damit Sie selbst Fährten entdecken und erkennen, können Sie zu Beginn Ihren Hund als Hilfe, also eigentlich als Tourguide heranziehen. Schauen Sie einmal genauer, wenn Ihr Hund aufgeregt an einer Stelle schnuppert, vielleicht erkennen Sie ja auch etwas?

Es gibt aber natürlich auch andere Möglichkeiten, Wildfährten besser zu identifizieren. Etwa sind die verschiedenen Wildspuren dann besonders gut zu erkennen, wenn es frisch geschneit hat. Vielleicht entdecken Sie auch etwas, das so aussieht, wie auf den Fotos im nächsten Kapitel.

Zielsicher selbst Fährten finden – kleine Spurenkunde

Kennen Sie das, wenn Sie Zuckerhaltiges zu vermeiden versuchen und auf einmal das Gefühl haben, dass in jeder zweiten Fernsehwerbung etwas zum Naschen angepriesen wird? Vera F. Birkenbihl (2014) bezeichnet dies als den Wohnmobileffekt. Als sie in den 1970er Jahren anfing, sich für Wohnmobile zu interessieren, waren die Autobahnen plötzlich voll mit solchen! Natürlich wird jetzt nicht auf einmal mehr Werbung für Naschereien ausgestrahlt und die Autobahnen sind nicht von einem Moment auf den anderen von Wohnmobilen übersät, aber die Wahrnehmung hat sich mit dem neuen Interesse einfach geändert.

Genauso wird es Ihnen mit den Tierspuren gehen! Sobald Sie die eine oder andere Spur von einer Tierart entdeckt und erkannt haben, werden Ihnen solche Spuren zukünftig viel stärker ins Auge fallen und es wird für Sie mit jedem Mal leichter, diese in der Natur zu entdecken! Damit Ihnen dies immer öfter gelingen kann, werden im folgenden Tierarten und deren Spuren vorgestellt, die man in Mitteleuropa relativ häufig vorfinden kann.

Doch bevor die einzelnen Arten und deren Spuren beschrieben werden, sollten die häufig vorkommenden Begriffe »Spur«, »Trittsiegel« und »Fährte« erläutert werden. Ich möchte mich dabei an den Definitionen aus dem Werk »Wie lerne ich Spurenlesen« von Hans-Jörg Kriebel (2010) orientieren, da diese zwar an die Begriffe der Jägersprache angelehnt sind, jedoch auf ein Verständnis auch für Nichtjäger abzielen. So wird in diesem Buch unter einer Spur all das verstanden, was ein Tier in der Natur hinterlässt und von Mensch (und natürlich Hund) wahrnehmbar ist. Dazu zählen zum Beispiel Haare oder Federn, Losung (Kot), Verletzungen/Verschmutzungen an Bäumen, (Erd-)bauten, niedergetretenes Gras und noch vieles mehr. Wenn sich ein Tier auf weichem Boden oder Schnee fortbewegt, hinterlässt es Fußabdrücke, wovon jeder einzelne Abdruck als »Trittsiegel« bezeichnet wird und die Abfolge mehrerer Trittsiegel hintereinander als Fährte. Soviel zu den Begrifflichkeiten, nun zur Praxis:

Eine Vielzahl von Wildtieren, die so durch die Landschaft streift, ist ziemlich groß, und auch wenn man die Tiere selbst selten zu Gesicht bekommt, verraten Spuren ihre Anwesenheit. Sehr gut erkennbar sind etwa sogenannte Wildwechsel, also Wege, die das Wild stark und regelmäßig frequentiert. Dabei verwendet nicht nur eine Wildart einen Wechsel, sondern ein solcher Weg wird oft von verschiedensten Wildarten, wie etwa von Reh, Hase, Wildschwein, und auch Fuchs genutzt. Bei solchen Wildwechseln, ist die Chance, eine frische Fährte zu erwischen, natürlich groß!

Oft gibt es auch von Menschen ausgetretene Pfade, doch um diese von Wildwechsel zu unterscheiden, hilft folgendes Detail: Ist der Weg so angelegt, dass ein Mensch ihn aufrecht entlanggehen kann, ist es vermutlich eher ein von Menschen angelegter Trampelpfad. Ist dies nicht möglich, weil Äste von Bäumen und Sträuchern im Weg sind oder wie auf dem nachstehenden Foto quer gespannte Drähte in einem Weingarten, handelt es sich ziemlich sicher um einen Wildwechsel.

Hilfreich ist es auch, wenn der Boden aufgeweicht oder aufgelockert ist, denn dann lassen sich Trittsiegel und Fährten sehr gut erkennen! Hier waren gleich drei verschiedene Wildarten unterwegs:

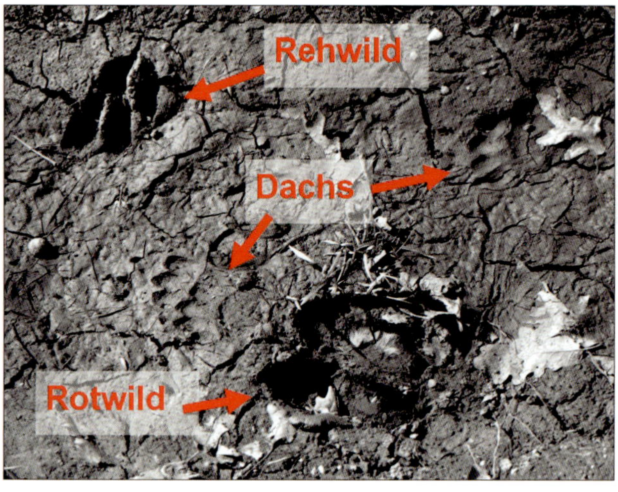

Trittsiegel von Rehwild, Rotwild und Dachs

Wie man die Trittsiegel der einzelnen Tierarten unterscheiden kann, wird später noch erläutert! Auch Schnee hilft dem Menschen, Fährten und andere Spuren besser wahrnehmen zu können:

Wildspuren verschiedener Wildarten im Schnee

Einen weiteren Hinweis auf verschiedene Wildtierarten stellen »Schlammbäder«, sogenannte Suhlen dar.

Suhle

So suchen etwa Rotwild und Schwarzwild diese gerne und regelmäßig auf und wälzen sich im Schlamm, um sich zu kühlen und um lästige Parasiten wie Zecken oder auch Hirschlausfliegen loszuwerden.
In der Umgebung solcher Suhlen findet man viele Trittsiegel und zumeist auch Bäume, deren Rinde im unteren Teil des Stammes oft ganz glatt und teilweise richtig abgescheuert und von einer Schlammschicht bedeckt ist. Diese Bäume sind sogenannte Malbäume, die ebenfalls von Rotwild und Schwarzwild und teilweise auch von Dachsen nach dem Schlammbad dazu genutzt werden, um sich daran zu scheuern (zu »malen«), um so blutsaugende Parasiten loszuwerden.

Malbaum

Die Höhe, in der solche Malbäume abgescheuert und mit Schlamm bedeckt sind, geben auch Aufschluss darüber, wie groß die Tiere sind, die sich daran gerieben haben. Wenn man solche Malbäume genauer untersucht, kann man daran auch oft Haare von den Wildtieren entdecken und sogar den Geruch von Wildtieren wahrnehmen. Wenn Sie zum Beispiel den Geruch von Liebstöckel (Maggikraut) wahrnehmen, hat sich vor kurzem ein Wildschwein an dem Baumstamm gerieben.

Rupfungen haben Sie vielleicht auch schon einmal entdeckt? Also viele Federn, die darauf hinweisen, dass hier wohl ein Vogel einem Greifvogel oder einem Fuchs zum Opfer gefallen ist. In diesem Fall war der Täter vermutlich ein Greifvogel, da die Federn kreisförmig verteilt und »ausgerupft« sind. Ein Fuchs hätte die Federn eher abgebissen als ausgerissen.

Rupfung durch Greifvogel

Ebenfalls mit einem Greifvogel lässt sich ein solcher Fund in Verbindung bringen: Gewölle, also unverdauliche Nahrungsreste wie Knochen, Haare oder Federn, die die Greifvögel wieder auswürgen.

Gewölle

Die vorangegangenen Beispiele zeigen, dass es grundsätzlich relativ auffällige Wildspuren gibt, die man auch dann erkennen kann, wenn man sich bisher noch nicht sonderlich mit der Thematik beschäftigt hat. Um mit Ihrem Hund Spuren zu entdecken, ist es nicht zwingend notwendig, die Spuren bestimmten Tierarten zuordnen zu können, denn frische Spuren werden für Ihren Hund prinzipiell interessant sein, auch wenn Sie vielleicht feststellen werden, dass er für bestimmte Spuren höhere Präferenzen hat als für andere.

Die Praxis zeigt jedoch, dass man, sobald man anfängt Spuren zu erkennen, auch wissen möchte, was da den Weg gekreuzt hat und auf welche Spuren der eigene Hund gar so aufgeregt reagiert. Man möchte auch vermeiden, dass der eigene Hund mit wehrhaften Tieren wie Wildschwein oder Dachs zusammentrifft. Deshalb ist es ganz gut, zumindest die Spuren den jeweiligen Wildtieren zuordnen zu können, die häufig vorkommen und die auch für Hunde besonders interessant sind.

Später in diesem Buch finden Sie daher noch weitere Spuren wie verschiedene Trittsiegel, Verletzungen auf Bäumen oder Boden.

Wildkameraaufnahme eines Rotwildrudels

Ganz generell gilt aber, unabhängig von der Wildart: Glauben Sie nicht, dass Wildfährten nur weit abseits der Wege zu finden sind! Das Foto von dem großen Rotwild-Rudel wurde zum Beispiel noch vor Einbruch der Dunkelheit von einer Wildkamera mitten auf einer Forststraße aufgenommen!

All in!

Doch nicht immer bieten sich im Laufe des Spazierganges für das menschliche Auge gut sichtbare Trittsiegel oder andere Spuren von Wildtieren. Auch wenn wir Menschen diese Spuren nicht gleich erkennen können, sind doch viele vorhanden! Resignieren Sie also nicht, wenn Sie zu Beginn keine oder kaum Spuren entdecken können. Erinnern Sie sich an das Lotto- Prinzip? Sie können dem Hund oft etwas zeigen, das vielleicht nicht so spannend ist wie erhofft. Denn ab und zu ist etwas Interessantes dabei und diese Chance, dass Sie Ihrem Hund etwas für ihn Spektakuläres zeigen könnten, reicht aus, damit Ihr Hund mit Ihnen nachschauen kommt. Also was haben Sie zu verlieren, wenn Sie auf gut Glück beginnen?

Damit Ihnen dies zielstrebig gelingt, suchen Sie sich einen bestimmten Punkt (einen Busch, einen Baumstamm, einen Stein, ein einsames Grasbüschel ...) in einer gewissen Entfernung von zumindest zehn Metern und fokussieren Sie diesen. Dann rufen Sie freudig Ihren Hund mit zum Beispiel »Schau mal!« und gehen begeistert und mit Spannung auf den Punkt zu. Behalten Sie den Fokus auch dort! Achten Sie dabei aus dem Augenwinkel darauf, ob sich Ihr Hund von Ihrer Begeisterung auch anstecken lässt und Ihnen folgt. Denn er soll ja freiwillig nachschauen kommen und nicht etwa an der Leine zum potenziellen Fundort gezogen werden! Kommt Ihr Hund mit Ihnen mit, stoppen Sie erst, wenn Sie bei dem Punkt angekommen sind, den Sie vorab als interessant auserkoren und fokussiert haben. Wenn Sie Glück haben, war es tatsächlich spannend und Ihr Hund schnüffelt interessiert an der Stelle! Lassen Sie ihn dann ruhig ein wenig schnuppern, brechen Sie die Suche daraufhin aber wie gewohnt mit Ihrem Abbruchszenario ab.

Wenn an dem Ort, den Sie angestrebt haben, keine interessanten Spuren für Ihren Hund zu finden sind, er dort also nur ganz kurz desinteressiert schnüffelt, brechen Sie die Suche gleich wieder wie gewohnt ab. Versuchen Sie dabei den Zeitpunkt so zu erwischen, dass Ihr Hund noch schnüffelt und sich noch nicht von der Stelle abwendet, denn so halten Sie die Spannung trotz der Niete weiter aufrecht und Ihr Hund kommt auch wieder freudig mit Ihnen mit!

Falls Sie eine Stelle fokussiert haben, Ihren Hund eingeladen haben mit Ihnen zu kommen und auf den Punkt zugehen, er Ihnen aber nicht freudig folgt, kann dies verschiedene Ursachen haben.
Eine Möglichkeit wäre, dass Sie nicht so fokussiert auf diese zugehen, wie Sie vielleicht glauben! Das passiert oft, wenn Sie Ihrem Hund unbedingt etwas zeigen möchten. Sie sollten stattdessen aber etwas für sich selbst entdecken, was Sie unbedingt genauer anschauen möchten. Sie sollten sich etwas potenziell Spannendes ansehen und Ihr Hund kann gerne an Ihrem Fund teilhaben. Sie würden es sich aber auch ohne ihn anschauen gehen. Erkennen Sie einen Unterschied? Im ersten Fall »betteln« Sie eigentlich darum, dass Ihr Hund mit Ihnen mitkommt und der Fokus ist automatisch beim Hund und nicht bei der möglicherweise interessanten Stelle. Dadurch können Sie nicht mehr zielstrebig agieren, auch wenn Sie es noch so wollen oder denken, es zu tun. So ist aber natürlich auch die Glaubwürdigkeit dahin, dass da tatsächlich etwas Spannendes sein könnte. Im zweiten Fall sind Sie die treibende Kraft, die die Neugierde Ihres Hundes weckt und dadurch automatisch zum Mitgehen animiert!
Eine weitere Option, warum Ihr Hund Ihnen nicht zu einer potenziellen Fundstelle folgt, kann sein, dass Sie keinen Unterschied machen, wann und wie motiviert Ihnen Ihr Hund folgt. Wenn Sie also zielstrebig bis zu der ausgesuchten Stelle gehen und dann dort so lange warten, bis Ihr Hund die Untersuchung der Stelle ebenso in Angriff nimmt, hat Ihr Hund ja keine Eile, möglichst schnell mit Ihnen mitzukommen! Wenn Sie sowieso auf Ihren Hund warten, kann er sich ja Zeit lassen! Auch in dem Fall betteln Sie um die Aufmerksamkeit und die Teilnahme Ihres Hundes, auch wenn es einen anderen Zeitpunkt betrifft. Wenn Sie also zielstrebig zu der potenziell spannenden Stelle hingehen und diese kurz untersuchen und Ihr Hund dabei mitmacht, freuen Sie sich, loben ihn, lassen ihn die Stelle abschnüffeln und brechen daraufhin die Jagd wieder ab. Gehen Sie jedoch zielstrebig zu jener Stelle und Ihr Hund kommt nicht mit

Ihnen mit, untersuchen Sie die Stelle alleine (legen Sie ein paar Blätter auf die Seite, drehen Sie einen Stein um, nehmen Sie einen Stock hoch und betrachten Sie ihn genauer ...). Sobald sich Ihr Hund dann auf den Weg zu Ihnen macht, brechen Sie das Untersuchen Ihrer tollen Stelle wieder ab, bevor der Hund ganz bei Ihnen angelangt ist. Ihr Hund kann die Stelle dann noch kurz alleine untersuchen, er wird aber dennoch das Gefühl haben, etwas verpasst zu haben. Hat er ja auch: Gemeinsamen Spaß und Action mit Ihnen! Beim nächsten Mal wird Ihr Hund daher wieder schneller nachschauen kommen, damit er die gemeinsame Aktivität nicht wieder verpasst.

Eine Situation, in der Ihr Hund vermutlich nicht gleich mit Ihnen mitkommen wird, um Ihre interessante Stelle zu untersuchen, ist, wenn er gerade selbst etwas wirklich Spannendes entdeckt hat. In diesem Fall lassen Sie Ihren Hund erst seinen Fund ordentlich anzeigen, verfolgen dann seine Spur, brechen die Verfolgung danach wie gewohnt ab und starten erst im Anschluss daran die begeisterte Annäherung an Ihren potenziell interessanten Ort.

Gehen Sie mit Ihrem Hund also in den Wald oder auf die Wiese, um Spuren zu finden - und nicht, um welche zu suchen! Auf die Denkweise kommt es an! Denn wenn Sie sich Ihrer Sache sicher sind, sind Sie auch so authentisch und zielstrebig, dass Ihnen Ihr Hund freudig folgt[10].
Authentizität spielt generell eine wichtige Rolle für das gegenseitige Vertrauen und eine gute Kooperation von Mensch und Hund bei der Jagd. Dazu zählt auch, Emotionen zu zeigen und diese zu teilen!

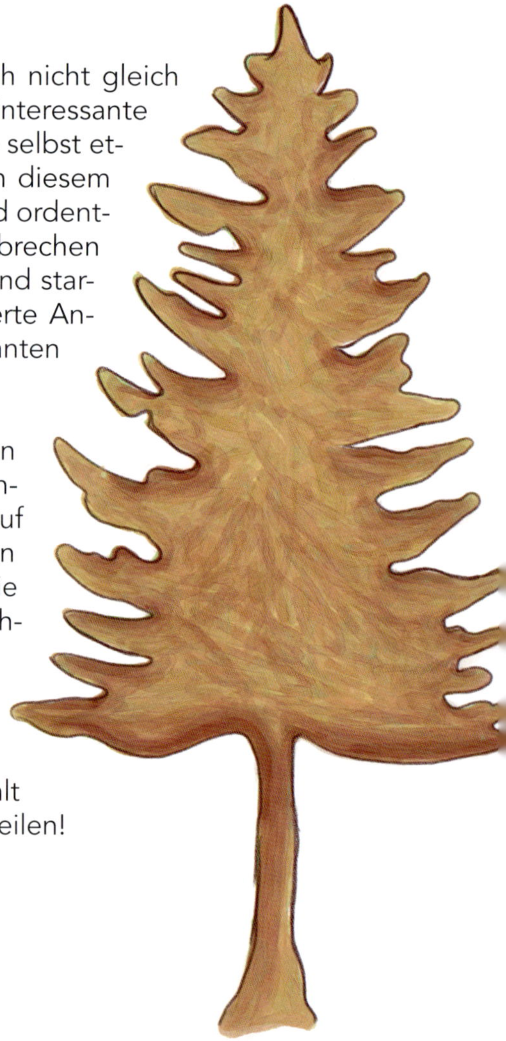

10 *Siehe Kluger Hans Effekt im Kapitel »Spielregeln bei der Fährtensuche für den Menschen«*

Aufrichtige Freude steckt an!

Wie bereits erwähnt, achten Hunde sehr stark auf unsere Mimik und Gestik und können unsere Stimmung und Gefühlslage sehr gut wahrnehmen. Sie würden also auch merken, wenn wir Interesse und Freude vorspielen würden! Deswegen ist die Begeisterung für die gemeinsame Sache sehr wichtig. Nun stellt sich natürlich die Frage, wie man sich denn so aufrichtig mit seinem Hund freuen kann, damit dieser es auch so wahrnimmt? Haben Sie bei dem Gedanken daran schon persönliche Horrorszenarien mit quietschiger Stimme und Freudentanz mitten im Wald im Kopf? Keine Sorge, Sie sollen nichts dergleichen tun (außer natürlich, Sie bringen Ihre Freude normalerweise tatsächlich in dieser Form zum Ausdruck). Können Sie sich noch an das Beispiel von den Eltern erinnern, die sich mit ihrem Kind über die Zeichnung freuen? Die Eltern überlegen nicht, wie sie ihre Freude am besten zum Ausdruck bringen können, denn durch Ihre Empathie freuen sie sich automatisch mit ihrem Kind mit und das so, wie es ihrem jeweiligen Charakter entspricht.

Ebenso verhält es sich bei Ihrem jagenden Hund. Ich kann Ihnen zu diesem Thema also keine universelle Anleitung geben, wie Sie Ihrem Hund zeigen können, dass Sie erkannt haben, wie sehr er sich über den Fund freut. Denn dann würden Sie sich verstellen und es wäre keine aufrichtige Freude mehr! Das Schöne dabei ist aber, dass Sie dafür auch gar keine Leitlinien brauchen, denn sobald Sie nachvollziehen können, wie wichtig für Ihren Hund die Jagd ist und mit welcher Begeisterung und Passion er da bei der Sache ist, werden Sie sich für ihn freuen - und dadurch werden Sie sich auch automatisch ehrlich und aufrichtig mit ihm freuen, und das so, wie es Ihrem Charakter entspricht!

Der Abbruch als Start für neue Abenteuer

In der Theorie[11] wurde bereits erläutert, warum es so wichtig ist, dass der Abbruch als Startsignal für neue Abenteuer aufgebaut werden soll und nicht als »Ende vom Spaß«. Das »Wie« für den Aufbau eines solchen freudigen und motivierenden Abbruchs wird nun erklärt:

Hilfreich ist die Wahl des richtigen Abbruchsignals, mit dem Sie zukünftig die Fährtensuche abbrechen möchten. Für den Hund ist es grundsätzlich egal, was Sie sagen, da das Wort oder die Phrase für ihn erst mit der Aktion eine Bedeutung bekommt. Es sollte aber etwas sein, bei dem Sie selbst nicht in Versuchung geraten, es streng oder inflationär auszusprechen. Ein »Aus« oder »Schluss« eignen sich daher zum Beispiel nicht, denn vermutlich sagen Sie diese Worte immer wieder einmal im Alltag zu Ihrem Hund. Außerdem verleiten diese Worte auch dazu, streng ausgesprochen zu werden.

Ebenfalls nicht optimal sind Worte oder Phrasen, die für uns Menschen etwas Beendendes und Endgültiges bedeuten, da wir sie auch dementsprechend emotional aussprechen. Ein »Genug« oder ein »Fertig« beispielsweise hätten so etwas Endgültiges. Versuchen Sie einmal, ein »Genug!« so auszusprechen, dass es motivierend und begeisternd klingt. Es wird Ihnen sehr schwer fallen! Wie sieht es hingegen mit einem »Gut gemacht, weiter geht´s!« aus? Oder einem »Super gefunden, auf geht's!«? Da denkt man doch gleich weiter, als nur an den Abbruch, oder? Und genau darum geht es. Wenn Ihnen dieses Weiterdenken an die nächste Aktivität mit Ihrem Hund mit »Rosa Elefant!« ebenso gelingt, nehmen Sie das. Es ist wie gesagt für den Hund vollkommen egal welches Wort/ welche Phrase Sie wählen.

Es soll nur für Sie folgende Kriterien erfüllen:

Neben der Wahl des richtigen Abbruchsignals sind beim Abbruch und beim Zeigen von Wildfährten die Zielsicherheit und die Überzeugung sehr wichtig, ob sich der Hund leicht tut, jetzt tatsächlich diese Spur nicht mehr zu verfolgen, um gemeinsam etwas Neues zu entdecken. Wenn Sie also zögerlich sind und in dem Moment, in dem Sie das Abbruchsig-

11 Siehe Kapitel »Der Abbruch – Ehrliche Begeisterung statt Spielverderber«

Kriterien für ein gutes Abbruchsignal:

- ***Nur freundliche Aussprache möglich.***
- ***Keine inflationäre Verwendung.***
- ***Kein »Aus und Vorbei mit dem Spaß«.***

sind und in dem Moment, in dem Sie das Abbruchsignal aussprechen, stehenbleiben, anstatt ein neues Ziel anzustreben, werden Sie Ihren Hund nicht für weitere Spuren begeistern können. Sie sollen aber natürlich nicht mit dem Abbruchsignal ohne Rücksicht auf Verluste stur losgehen! Das heißt, Sie sollen den Hund nicht an der Leine hinter sich herziehen, wenn er auf das Abbruchsignal nicht reagiert. Denn wenn der Hund gar nicht auf Ihr freundliches und motivierendes Abbruchsignal und Ihr dynamisches Weggehen reagiert, ist zuvor schon etwas schief gelaufen. So kann es sein, dass Sie ihn bei der gemeinsamen Verfolgung der Fährte nicht genug »angefeuert« haben, oder auch, dass das Timing für den Abbruch nicht optimal war (zu früh oder auch zu spät). Gerade, wenn man erst dabei ist, das Abbruchsignal zu etablieren, wird einem dies immer wieder einmal passieren! Denn je nachdem, wie spannend die Spur für den Hund ist, beeinflussst, wie lange die Fährte verfolgt wird und wann dementsprechend die Verfolgung abgebrochen wird.

Wie sieht nun also der Abbruch in der praktischen Umsetzung aus?

Sie haben mit Ihrem Hund eine Fährte ein Stück weit verfolgt und haben nun das Gefühl, dass es für ihn weit genug war, um glücklich und wieder empfänglich für Ihre Worte zu sein. Loben Sie Ihren Hund noch einmal überschwänglich und bleiben Sie dann stehen! Achten Sie dabei aber darauf, dass Sie ihn gegebenenfalls mit der Leine sanft abbremsen (damit es zu keinem Leinenruck kommt!), sofern er nicht von selbst stehen bleibt. Reagiert Ihr Hund sofort auf Ihr Stehenbleiben, indem er ebenfalls langsamer wird oder ganz stehenbleibt, sagen Sie motivierend Ihr Abbruchsignal und laden Sie ihn durch das Weggehen in eine an-

dere Richtung dazu ein, mit Ihnen gemeinsam etwas Neues zu erkunden. Gehen Sie zielstrebig los, geben Sie dabei Leine nach und achten Sie dennoch darauf, ob Ihr Hund Ihrer Einladung auch tatsächlich folgt. Das ist wichtig, damit er, wenn er es sich anders überlegt, nicht in die Leine knallt! Überlegt er es sich anders und kommt nicht mit Ihnen mit, bleiben Sie erneut stehen und warten Sie so lange, bis Ihr Hund Ihnen zumindest ein wenig Aufmerksamkeit schenkt (lockere Leine, entspannte Haltung, Ohr dreht sich in Ihre Richtung oder Ihr Hund schaut sie sogar an). Entspannen Sie so wie beim Einfordern des Nachfragens bei einer Spur die Leine und starten Sie den Abbruch dann erneut mit dem freudig gesprochenem Abbruchsignal und dem darauf folgenden Weggehen zu neuen Abenteuern. Denn es ist wichtig, dass Sie, auch wenn der Abbruch nicht sofort klappt, nicht etwa streng und ungehalten werden. Sonst sind Sie weiterhin der Spielverderber, mit dem man auch in Zukunft nicht gemeinsam jagen gehen möchte! Genau aus dem Grund ist Ihr Hund an der Leine. Denn glauben Sie mir, wenn Ihr Hund nicht mit Leine gesichert wäre und auf Ihren Abbruch hin weiter die Spur untersuchen würde, würden Sie automatisch immer mehr Druck und Strenge in Ihre Stimme legen und wohl dabei auch lauter werden - und das wäre für das Erarbeiten eines positiven Abbruchs natürlich nachteilig. Die Leine soll, neben der Absicherung Ihres Hundes, auch Ihnen Sicherheit geben, denn Sie sind gerade erst dabei, sich die einzelnen Komponenten der gemeinsamen Jagd zu erarbeiten, und da gibt es gerade beim Abbruch den einen oder anderen Fehler, den der Mensch machen kann und wird. Durch die Leine sind Sie nicht damit beschäftigt, Ihrem Hund als Punkt am Horizont hinterher zu sehen sondern können, wenn es nicht klappt, in Ruhe überlegen, woran es gelegen haben könnte und was Sie vielleicht hätten besser machen können.

Vielleicht war ja einer oder mehrere folgender Fehler schuld daran, dass es gerade nicht optimal geklappt hat?

- Haben Sie die Bedeutung des Fundes für Ihren Hund eventuell unterschätzt und die Jagd zu früh abgebrochen?

- Oder haben Sie die Fährte vielleicht zu lange verfolgt, hat sich Ihr Hund immer mehr in die Suche hineingesteigert?

- Haben Sie sich zwar gedacht, dass Sie die Verfolgung der Fährte nun abbrechen möchten, haben dies aber nicht oder nur kaum Ihrem Hund kommuniziert? Haben Sie vielleicht sogar das Abbruchsignal vergessen oder es zu spät gesagt, sodass Ihr Hund eigentlich gar nicht darauf reagieren konnte?

- Waren Sie sich eventuell nicht sicher, ob der Zeitpunkt der richtige war und waren dementsprechend »lasch« in der Umsetzung, sprich es war vielleicht keine Einladung zum Aufbruch zu neuen Abenteuern?

- Ist es Ihnen passiert, dass Sie das Abbruchsignal streng gesagt haben, Sie also der Spielverderber bei der Suche waren?

Überlegen Sie, was es gewesen sein könnte, behalten Sie sich die Möglichkeiten im Hinterkopf, achten Sie aber weiterhin vorrangig auf Ihr Bauchgefühl, um sich einen verlässlichen Abbruch zu erarbeiten!

Pausengestaltung zwischen den Jagdabenteuern

Wenn Sie nun den Jagdeinsatz abgebrochen haben und bemerken, dass Ihr Hund von all den tollen Eindrücken noch ganz aufgeregt ist, gönnen Sie ihm eine kurze Pause. Wenn es das Wetter zulässt, setzen Sie sich kurz am Wegesrand und geben Sie Ihrem Hund ein wenig Zeit, um sich zu beruhigen. Streuen Sie eventuell ein paar Kekse aus, die Ihr Hund suchen darf, denn konzentriertes Schnüffeln hilft beim Beruhigen.

Deutsch Drahthaarhündin Tara kann in den Pausen zwischen den Jagdsequenzen perfekt entspannen!

Wird Ihr Hund mit Aufregung schlecht fertig und tendiert dazu, sehr lange erregt zu bleiben, empfiehlt es sich, wie bereits erwähnt, eine konditionierte Entspannung aufzubauen.

Konditionierte Entspannung

Bei der konditionierten Entspannung wird dem Hund mit einem einzigen Signal beigebracht, Anspannung abzubauen. Wichtig ist, dass es sich dabei um einen passiven Prozess handelt und nicht wie etwa bei der Impulskontrolle um einen aktiven Vorgang! Bei der Impulskontrolle lernt der Hund, sich aktiv zurückzunehmen. Ein typisches Beispiel ist, dass der Hund sitzen bleiben und erst dann loslaufen soll, wenn man den Ball geworfen hat. Wenn man den Hund dabei beobachtet, sieht man, wie sehr er dabei unter Spannung steht und wie schwer es ihm fällt, nicht doch vorzeitig aufzustehen. Ebenso ist das Anzeigen, oder wie ich es nenne,

Ankern, eine Herausforderung für den Hund, da er sich aktiv zurücknehmen muss, bis endlich das Startsignal zur gemeinsamen Jagd ertönt. Wir Menschen üben uns beispielsweise in der Impulskontrolle, wenn wir die Schokolade, die vor uns liegt, gerne essen würden, diese aber nicht anrühren. Entspannt sind wir dabei aber auch nicht!
Doch wie kann man dem Hund nun beibringen, auf ein Signal hin zu entspannen? Man bedient sich der entspannungsfördernden Wirkung des Oxytocins sowie der positiven Auswirkung von Stimmungsübertragung und bildet ein »Wohlfühlkonstrukt« um ein bestimmtes Wort oder Signal. Klingt kompliziert, ist es aber nicht. Stellen Sie sich einen Urlaub in den Alpen vor. Sie wohnen in einem geräumigen, hellen Zimmer mit Möbeln aus Kiefernholz, lassen sich Ihren Rücken massieren, machen eine Wanderung an Bächen vorbei und durch die kräuterreichen Wiesen, essen eine große Portion Spätzle und lesen am Abend bei einem Glas Wein ein gutes Buch vor dem Kamin. Riechen Sie schon das Waschmittel, mit dem die Bettwäsche gewaschen wurde? Oder den Duft des Kiefernholzes? Oder die Kräuter auf der Wiese? Und sehen Sie das satte Grün der Wiese und das Flackern des Feuers im Kamin? Hören Sie das Holz im Kamin knacksen und den Bach rauschen? Läuft Ihnen schon das Wasser im Mund zusammen, wenn Sie an die gerösteten Zwiebeln und die Spätzle denken? Spüren Sie die kühle Luft beim Wandern auf Ihrer Haut und fühlen Sie die Hände bei der Massage auf Ihrem Rücken? Nehmen Sie Ihre Muskeln wahr, wenn Sie bergauf über die Wiesen gehen? Und spüren Sie, wie sich die einzelnen Muskeln durch die Massage lockern? Obwohl die Liste lang ist, waren das nur wenige der Wahrnehmungen, die man im Endeffekt zu einem Gesamtbild zusammenfügt und als positive und erholsame Erfahrung abspeichert. Und sobald das Wort »Alpen« fällt, sind die Assoziationen sofort wieder präsent und das entspannte Gefühl breitet sich sogleich aus. Auch, wenn Sie bis gerade eigentlich gar nicht entspannt und in Urlaubsstimmung gewesen sind!

Auch bei Ihrem Hund können Sie ein solches »Urlaubsfeeling« mit einem bestimmten Wort oder Signal verknüpfen.

Sie benennen also jegliche Wahrnehmung, die Ihr Hund in entspannter Atmosphäre positiv erlebt, mit einem einzigen, bestimmten Wort oder Signal. Unterstützen Sie den Prozess zusätzlich aktiv durch Berührungen (Freisetzung von Oxytocin) und Stimmungsübertragung (Ihre Ruhe und Entspannung übertragen sich auch auf Ihren Hund). Achten Sie darauf, dabei möglichst alle Wahrnehmungsoptionen auszuschöpfen. Bauen Sie neben Berührungen und guter Stimmung verschiedene Dinge ein, die Ihr Hund riecht, hört, schmeckt und auch sieht.

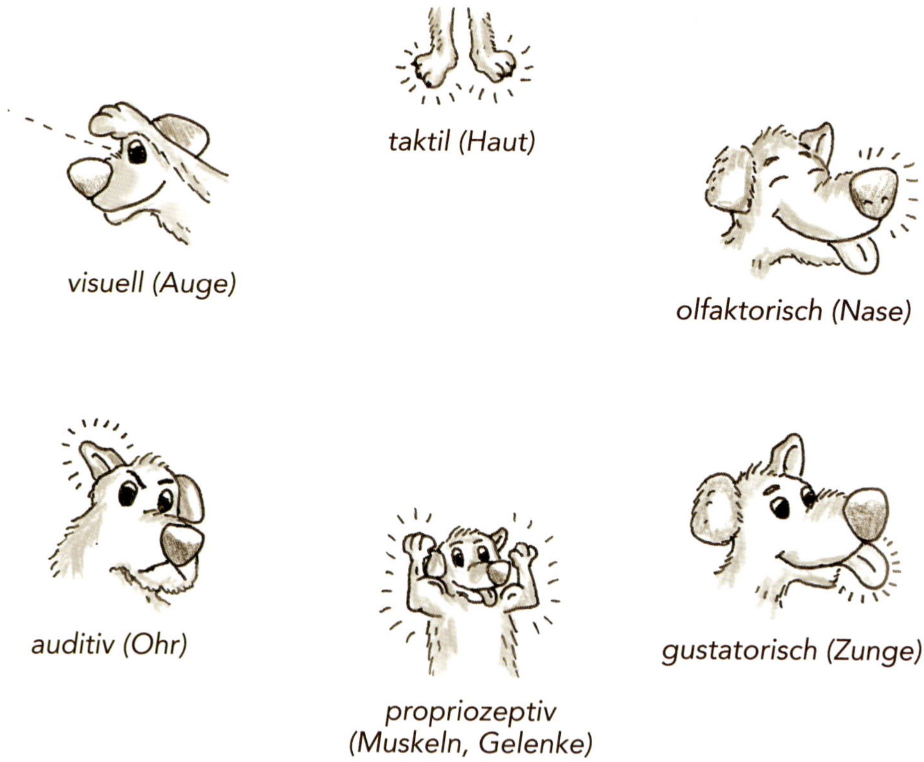

Wahrnehmungsoptionen

Im Detail kann dies folgendermaßen aussehen: Sie überlegen sich ein Wort, das Sie ruhig sagen können und das Sie im Alltag auch nicht inflationär verwenden. »Ruhe« würde sich vom Wortlaut her zum Beispiel eignen, wenn Sie aber dazu tendieren, schnell einmal »Ruhe« zu rufen, wenn Ihr Hund den Briefträger verbellt, würde ich von diesem Wort bei der konditionierten Entspannung Abstand nehmen. Andere, ganz gute Optionen sind »easy«, »alles gut« oder »relax«. Haben Sie nun ein Wort gewählt, sagen Sie dies immer dann zu ihrem Hund, wenn er sich gerade wohlfühlt und entspannt ist. Etwa dann, wenn er sich auf der Couch genüsslich durchstreckt oder tief seufzend einschläft. Oder auch, wenn er sich zu Ihnen kuschelt. Wenn es Ihr Hund entspannt erwarten kann, bis Sie sein Essen hergerichtet haben, sagen Sie das Wort ruhig auch dann zu ihm! Beim Streicheln können Sie das Wort sagen und streichen Sie Ihren Hund auch regelmäßig aus, sprich »streicheln« Sie Ihren Hund mit etwas mehr Druck und wirklich langsam, sodass es mehr einer Massage als

einem Streicheln nahe kommt und verbinden Sie auch dies mit dem Entspannungswort! Durch das Ausstreichen können Sie aktiv bewirken, dass die Anspannung der Muskeln nachlässt!

Sie sehen, beim Aufbau des Wortes für eine konditionierte Entspannung sind kaum Grenzen gesetzt, solange das Wort mit ruhigen und entspannenden Aktivitäten verbunden ist. Was Sie aber nicht machen können, ist, die konditionierte Entspannung mit Futter oder Spiel zu bestätigen, denn dann wäre der Erregungslevel natürlich wieder weit oben und dementsprechend unerwünscht, wenn der Hund entspannen soll! Bauen Sie das Entspannungswort über mehrere Wochen auf und testen Sie dann einmal, ob die Konditionierung bereits funktioniert hat. Dazu nutzen Sie eine Situation, in der Ihr Hund ein wenig angespannt ist und sagen sein Entspannungswort. Wenn die Konditionierung bereits funktioniert hat, werden Sie ein Nachlassen der Anspannung bemerken. Bleibt Ihr Hund angespannt, bedarf es einfach noch ein paar Wiederholungen mehr. Funktioniert es bereits, können Sie das Entspannungswort in Situationen nutzen, in denen Ihr Hund aufgeregt oder gestresst ist, um ihm beim Entspannen zu helfen. Verwenden Sie die konditionierte Entspannung im Normalfall als erste Maßnahme, sprich helfen Sie Ihrem Hund damit, die größte Anspannung abzubauen, um dann durch weitere Hilfestellungen die Aufregung weiter abzubauen. Zum Beispiel, indem Sie die Distanz zu besonders Spannendem vergrößern, Sie Ihren Hund Kekse suchen lassen oder auch durch einfache Aufgaben wie »Sitz«, »Platz« oder »Pfote«, wenn Ihr Hund dadurch ruhiger wird.

Achten Sie zusätzlich darauf, die konditionierte Entspannung nicht mehrfach hintereinander anzuwenden. Das Entspannungswort muss nach der Anwendung in einer stressigen Situation wie ein Akku wieder positiv »aufgeladen« werden, sonst verliert es seine Wirkung oder wird sogar negativ konditioniert, bekommt also eine schlechte Bedeutung für Ihren Hund. Um es auf das Urlaubsbeispiel umzulegen: Man kann von einem erholsamen Urlaub eine Zeit lang zehren und sich in stressigen Phasen durch die schönen Gedanken daran entspannen. Wenn der Urlaub jedoch Jahre zurückliegt und man immer nur daran denkt, wenn man gerade im Stress ist, wird auch bald der Gedanke an den Urlaub zum Stressauslöser!

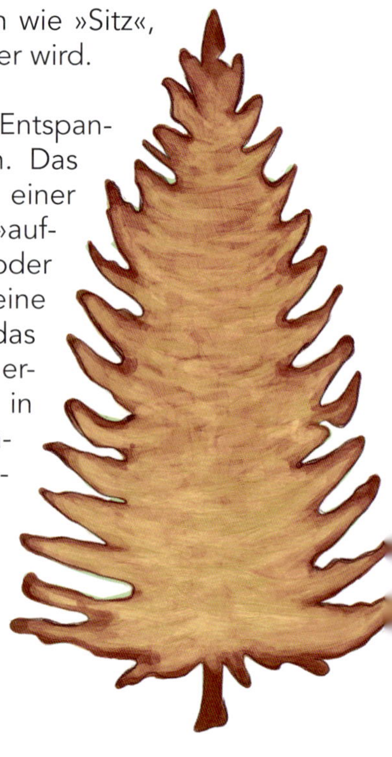

7. Jagdtypabhängiges Training

Wie vorab schon erläutert, benötigt man je nach Rasse, Charakter und Erfahrung des Hundes ein angepasstes Training. So ergeben sich Unterschiede bei

- ***der Herausarbeitung des Anzeigeverhaltens***
- ***der Dauer des Verfolgens der Fährte***
- ***der Emotionalität während der Verfolgung der Fährte***
- ***der Art und Weise des Jagdabbruchs***

Im Folgenden sollen Szenarien für die Umsetzung des JAA-Trainings für die unterschiedlichen Jagdtypen dargestellt werden. Es wird dabei auf den typischen Mäusejäger eingegangen, der sich bei einem Mausloch »festsaugt« und kaum mehr davon wegzubekommen ist, auf den Sichtjäger, der jede kleinste Bewegung in noch so weiter Entfernung erspäht, den akribischen Fährtensucher, der die Nase ständig am Boden hat und kein Detail übersieht, den Jäger, der sich mit jedem Meter auf der Fährte immer stärker hineinsteigert sowie den exzentrischen Starter, der die spannende Verfolgungsjagd gar nicht mehr erwarten kann und auch auf den guten Schauspieler, der sich seinen Fund kaum anmerken lässt.

»Der Mäusebuddler«

Ein Hund, der sich besonders für Mäuse interessiert, taucht bei der Jagd auf dieselben meist sehr tief in seine eigene Welt ein und ist, sobald er sich an den Eingängen der Erdbauten zu schaffen macht, kaum mehr ansprechbar. Kein Wunder, denn die Erfolgsaussichten sind gut! Ich kenne keinen passionierten Mäusejäger unter den Hunden, der nicht schon des Öfteren Erfolg hatte und adulte Mäuse oder ganze Mausnester ausgegraben hat!

Sie haben jedoch einen großen Vorteil, wenn Ihr Hund großes Interesse an Mäusen hat, da Sie ihm dadurch relativ leicht etwas für ihn Spannendes zeigen können. Denn die Eingänge zu den Erdbauten von Mäusen sind meist auch für Menschen gut zu erkennen.
Schwieriger wird es da schon, die Suche nach der Maus wieder abzubrechen. Diese Schwierigkeit besteht ganz unabhängig davon, ob Sie Ihrem Hund den Eingang zum Erdbau gezeigt haben oder ob er es Ihnen angezeigt hat und es dann auf Ihr Startsignal hin untersuchen durfte. Das Graben nach dem »Schatz« zu beenden fällt einfach irrsinnig schwer, denn mit jedem Zentimeter, den der Hund nach unten gräbt, kommt er seinem Ziel ja immer näher! Je länger sie graben, desto stärker steigern sie sich hinein und desto weniger können sie ihr Umfeld und auch Sie wahrnehmen. Da wäre es natürlich kontraproduktiv, Ihren Hund zu lange die Nase in den Eingang stecken zu lassen! Das klingt natürlich gut, die Frage, die sich dabei aber stellt, ist, wie kann man es bewerkstelligen, dass Ihr Hund den Eingang zwar kurz untersuchen darf, sich daran aber nicht »festsaugt«? Kennen Sie vielleicht das Spiel »«whack a mole«? Bei diesem Arcade-Spiel geht es darum, die Maulwürfe, die bei immer verschiedenen Löchern auftauchen, mit einem Hammer zu erwischen. Wer dabei nur ein Loch fokussiert, wird natürlich nicht allzu viele Maulwürfe erwischen!

So ähnlich können Sie mit Ihrem Hund an die Mäusesuche herangehen: Sobald Ihr Hund nachgefragt hat, geben Sie das Startsignal. Lassen Sie Ihren Hund den angezeigten Eingang untersuchen ergreifen dann aber noch bevor Ihr Hund zu graben beginnt die Initiative und zeigen ihm sogleich einen weiteren Eingang. Und dann suchen Sie mit Ihrem Hund gleich noch einen anderen Eingang zum Erdbau! Und dann vielleicht noch einen! Sie erreichen damit, dass sich Ihr Hund nicht bei einem Eingang »festsaugt«, sondern sich von Ihrer begeisterten Weitersuche anstecken lässt.

Dadurch, dass Sie spielerisch ja auch eine größere Distanz zu dem ersten, ganz besonderen Eingang hineinbringen, können Sie die Suche dann viel leichter wieder ganz abrechen. Also grundsätzlich gilt, es gar nicht erst soweit kommen zu lassen, dass der Hund in seine Welt des Buddelns abtaucht und nicht mehr ansprechbar ist.

Doch nicht immer erwischt man noch den richtigen Moment, bevor die Nase ganz im Eingang verschwindet und der Hund zu graben beginnt und dann zu aufgeregt ist, um noch davon ablassen zu können. Wenn das passiert und Ihr Hund auf Ihr normales Abbruchszenario nicht mehr reagieren kann, können Sie den Eingang mit der Hand abdecken. Notfalls auch mit dem Schuh, wenn Ihr Hund trotz des Abdeckens auf Ihrer Hand weitergraben würde. Ihr Hund wird dann noch kurz versuchen, an den Eingang heranzukommen, wird dann aber schnell wieder ansprechbar werden und Sie wieder wahrnehmen können. Sobald Sie merken, dass Ihr Hund Ihnen nun wieder Aufmerksamkeit schenken kann, loben Sie ihn freudig und brechen Sie die Weitersuche dann mit Ihrem üblichen Abbruchszenario ab.

Manche Hunde werden zu Beginn noch eine zusätzliche Unterstützung brauchen, damit sie nicht sofort wieder die Nase in den Eingang stecken, sobald Sie die Hand/ den

Schuh davon entfernen. In dem Fall lassen Sie die Hand oder eben den Schuh noch auf dem Eingang und bieten Sie Ihrem Hund ein Leckerli (oder Wurst, Käse, o.Ä.) direkt bei dem Eingang an. Sobald er dieses geschluckt hat, bieten Sie ihm ein weiteres an, jedoch nicht mehr beim Eingang, sondern etwas weiter davon entfernt (ein halber Meter genügt). Bewegt sich der Hund auf das Leckerchen zu, nehmen Sie die Hand/ den Schuh vom Eingang weg und fahren erst dann mit dem Abbruchszenario fort, wenn der Hund den Keks geschluckt hat.
Falls Ihr Hund dazu neigt, Ressourcen wie einen solchen Fund zu verteidigen, lassen Sie ihn erst gar nicht in die Situation kommen. Der Stress, den Ihr Hund und Sie dadurch haben, ist für einen vertrauensvollen Umgang auf beiden Seiten nur hinderlich. Stoppen Sie Ihren Hund in dem Fall weiter vom Mausloch entfernt ab und lassen Sie ihn dann auf Distanz zum Loch hin schnuppern, bevor Sie die Jagd wieder abbrechen.
Unkontrolliert sollte Ihr Hund also graben. Das bedeutet aber nicht, dass Sie Ihren Hund nie zu Mäuselöchern hinlassen sollen. Ab und zu, nicht bei jedem Spaziergang, gestehen Sie Ihrem Hund ruhig zu, ruhig zu, einen Eingang zum Erdbau einer Maus genauer zu untersuchen.

Besonderheiten beim Mäusebuddler

Herausarbeitung des Anzeigeverhaltens.
Ganz normal wie im JAA-Konzept beschrieben.

Dauer des Untersuchens des Mauslochs.
Nicht zu lange! Der Hund soll noch nicht graben.

Emotionalität beim Verfolgungsbeginn der Fährte.
Startsignal emotional, anfeuernd.

Emotionalität während der Verfolgung der Fährte.
Durchgehend mit viel Spannung und Anfeuern von einem Mausloch zum nächsten und dann Abbruch.

Art und Weise des Jagdabbruchs.
Spannung aufrecht erhalten und mit viel Begeisterung etwas Neues entdecken gehen.

»Der Späher«

Es gibt Hunde, die Wild vorwiegend über dessen Fährte aufzuspüren versuchen, andere versuchen hauptsächlich, das Wild direkt zu erspähen.

Wenn es nun darum geht, dass Sie Ihrem Hund etwas Interessantes zeigen möchten, ist das Wort »hauptsächlich« im vorigen Satz sehr wichtig. Denn auch Hunde, die hauptsächlich auf Sicht jagen, sind spannenden Fährten gegenüber nicht unbedingt abgeneigt! Wenn Sie also einen solchen Hund haben, wie etwa einen Podenco, Galgo, Whippet, Saluki oder Husky, versteifen Sie sich nicht darauf, dass Sie so einem Hund gar keine Fährten, Losungen oder andere Wildspuren zeigen brauchen, weil solche Rassen dies alles sowieso nicht interessiert. Probieren Sie es aus, Sie werden merken, dass sehr wohl Interesse dafür da ist. Natürlich können und sollen Sie, wenn Sie Wildtiere vor Ihrem Hund entdecken, ihm diese begeistert zeigen! Damit treffen Sie natürlich besonders seinen Geschmack!

Auch wenn Fährten nicht das Hauptinteresse Ihres Hundes sind, arbeiten Sie ein normales Nachfragen, also ein Anzeigeverhalten bei Ihrem Hund heraus und schicken ihn erst dann die spannende Stelle untersuchen. Umso mehr Chancen Sie bei Fährten und anderen interessanten Spuren zum Üben des Nachfragens haben, desto besser! Denn Spuren und Fährten findet man im Normalfall leichter und häufiger, als dass man tatsächlich Sichtkontakt mit einem Wildtier hat. Außerdem ist bei Sichtkontakt die Aufregung Ihres »Spähers« weitaus höher als bei interessanten Fährten, was es ihm natürlich noch einmal schwieriger macht, das gewünschte Verhalten, also das Verharren und Nachfragen, zu zeigen. Je mehr Wiederholungen man also schon in weniger aufregenden Situa-

Besonderheiten beim Späher

Herausarbeitung des Anzeigeverhaltens
Bei Wildsichtung besonders am Anfang nur kurz, aber so lange, dass das Wild weit genug weg ist, sodass es nicht mehr weiter flüchtet. Bei Wildfährten: normales Herausarbeiten.

Dauer des Verfolgens der Fährte
Nicht allzu kurz.

Emotionalität beim Verfolgungsbeginn der Fährte
Fest anfeuern!

Emotionalität während der Verfolgung der Fährte
Immer ruhiger werdend.

Art und Weise des Jagdabbruchs
Kurzes Innehalten, dann Abbruch mit viel Lob und zu Beginn sofort etwas Neues entdecken.

tionen trainieren kann, desto leichter tut sich der Hund, das gewünschte Verhalten in schwierigen Situationen abzurufen. Hat der Hund nun ein Wildtier erblickt, loben Sie ihn in dem Moment überschwänglich. Bleibt er für einen kurzen Augenblick stehen, schicken Sie ihn sofort mit Ihrem Startkommando los. Es ist für ihn am Anfang schwer genug, überhaupt stehen zu bleiben. Belohnen Sie dieses Verhalten daher am Anfang des Trainings sehr früh.

Ausnahme: Wenn das Wildtier sehr nahe ist und die Gefahr besteht, dass Sie es anschließend mit Ihrem Start und dem Laufen in dessen Richtung zu einem Fluchtverhalten als sowieso schon veranlassen könnten. Dann warten Sie bitte unbedingt, unabhängig vom Trainingsstand, so lange, bis sich das Tier so weit entfernt hat, dass es nicht flüchtet.

Wenn Ihr Hund bereits gelernt hat, dass er nach dem Nachfragen auf jeden Fall mit Ihnen gemeinsam das Tier »verfolgen« darf und er dementsprechend weniger aufgeregt ist, können Sie im Normalfall, also wenn das Wildtier weit genug weg ist, das Anzeigeverhalten mit der Zeit immer mehr ausbauen. Sprich Sie zögern das Startsignal länger hinaus und Ihr Hund muss länger verharren, bis es losgeht.

Da Ihr Hund nach dem Startsignal im Normalfall lossprinten wird, achten Sie bitte sehr genau darauf, dass die Leine vor dem Startsignal zwar entspannt ist, aber keineswegs durchhängt, da es sonst für Sie und Ihren Hund eine schmerzhafte Erfahrung wird!

Bewegen Sie sich nun mit Ihrem Hund an der Leine zügig in die Richtung, in der das Wildtier verschwunden ist. Sie müssen nicht laufen, aber zumindest wirklich zügig gehen. Gerade kurz nach dem Start sollten Sie mit höherem Tempo das Wild »verfolgen« – erst dann sollten Sie immer langsamer werden. Ihr Hund ist natürlich viel schneller als Sie, deshalb darf er in der Situation selbstverständlich an der Leine ziehen! Feuern Sie Ihren Hund zu Beginn der Verfolgung ruhig fest an, werden Sie dann aber mit abnehmendem Tempo immer ruhiger. Wenn Sie mit Ihrem Hund gemeinsam ein Wildtier »verfolgen«, also in dessen Richtung laufen/zügig gehen, werden Sie dies schon ein wenig weiter tun müssen, als wenn Sie mit ihm eine Fährte verfolgen. Wichtig ist aber, dass Sie zwar in die Richtung laufen, in die das Wild verschwunden ist, dies aber entlang des Weges und nicht querfeldein tun.

Haben Sie nun gemeinsam das Wild ein Stück weit »gejagt« und dabei mit größer werdender Distanz das Tempo und die Emotionalität, sprich das Anfeuern, abgebaut, bleiben Sie stehen, halten Sie kurz inne und loben Ihren Hund dabei mit ruhigen Worten. Brechen Sie dann mit Ihrem Abbruchsignal ab, bringen dabei wieder viel Freude und Begeisterung in die Situation und entdecken Sie nach einem kurzen Lauf in eine andere Richtung etwas Neues!

»Der Schnüffler«

Haben Sie einen kleinen Sherlock Holmes zu Hause? Einen Hund, der jede Spur findet und diese genauestens untersucht? Der sich in seine eigene Welt der Gerüche begibt, die Nase so gar nicht vom Boden wegbekommt und zielstrebig mit zugeklappten Ohren die tollen Spuren verfolgt?

Dann freuen Sie sich, denn dann macht Ihr Hund kein Geheimnis aus seiner Leidenschaft! Jetzt geht es nur noch darum, ihm zu vermitteln, dass er Ihnen deutlich zeigt, welche Spuren wirklich spannend sind und unbedingt untersucht werden müssen und welche nur eines kurzen »Darüberschnüffelns« würdig sind.

Das Tolle daran ist, dass dies gar nicht schwierig ist. Die Hunde, die ganz intensiv an allem schnüffeln, sind fast immer die, die Angst haben, sie könnten etwas verpassen. Und da Sie, solange Sie die Jagdleidenschaft nicht mit ihm geteilt haben, ihn vom Untersuchen von so manch spannender Spur abgehalten haben, haben Sie ihm diese Befürchtung natürlich auch nicht nehmen können. Sobald Sie sich aber für seine Jagdleidenschaft interessieren und er merkt, dass er, sobald er Sie nur ein kleines Stück in seine Welt mit eintauchen lässt, jede spannenden Fährte ausgiebig untersuchen darf, wird er sein Verhalten schnell ändern. Denn wenn Ihr Hund auf einmal merkt, dass er alles, was nur irgendwie interessant sein könnte, nicht mehr schnell untersuchen muss, bevor Sie es ihm untersagen, sondern er Spannendes nun sowieso immer und zusätzlich noch mit einem neuen Jagdpartner, nämlich Ihnen, erforschen darf,

Besonderheiten beim Schnüffler

Herausarbeitung des Anzeigeverhaltens
Deutlich und lange.

Dauer des Verfolgens der Fährte
Eher länger.

Emotionalität beim Verfolgungsbeginn der Fährte
Fest anfeuern!

Emotionalität während der Verfolgung der Fährte
Am Anfang sehr schnell, dann langsamer und ruhiger werdend.

Art und Weise des Jagdabbruchs
Spannung abbauen und mit dem Abbruch auch die Begeisterung wieder steigen lassen und zu neuen Abenteuern aufbrechen.

fängt er an, Wichtiges von Unwichtigem zu selektieren. Zukünftig wird er dadurch nur noch das Wichtige untersuchen wollen. In der Praxis bedeutet dies:

Interessieren Sie sich gerade zu Beginn sehr für das, was Ihr Hund beschnüffelt, loben Sie Ihn dafür und fordern Sie ihn auch auf, die Stelle oder Fährte noch ein wenig weiter zu untersuchen. Arbeiten Sie dabei aber von Anfang an das Nachfragen heraus: Will Ihr Hund einer Spur nach, loben Sie ihn dafür (schließlich zeigt er Ihnen ja durch sein Verhalten, dass da etwas Spannendes ist), stoppen Sie ihn aber sanft mit der Leine ab und warten Sie so lange geduldig, bis er kurz aus seiner eigenen Welt in Ihre auftaucht und in irgendeiner Form mit Ihnen Kontakt aufnimmt (Ohren zurücklegen, Kopf drehen, Körperspannung abbauen …) und schicken Sie Ihn erst dann mit dem Startsignal los. Gehen Sie dann mit ihm gemeinsam der Spur soweit nach, bis Sie merken, dass die größte Aufregung nachlässt. Starten Sie schneller und mit großer Begeisterung los und werden Sie mit der Dauer des Jagens immer ruhiger. Wann der richtige Zeitpunkt ist, um die Spurverfolgung abzubrechen: Hören Sie auf Ihr Bauchgefühl! Sie kennen Ihren Hund![12] Sobald Sie die Jagd mit dem Abbruchsignal beenden, legen Sie wieder viel Begeisterung in die Stimme und nehmen Sie beim Verlassen der spannenden Spur etwas Tempo auf und entdecken mit Ihrem Hund wieder etwas Neues!

»Der exzentrische Starter«

Der exzentrische Starter ist, sobald er eine Fährte erschnüffelt oder Wild gesichtet hat, der Rennwagen unter den Hunden: Von Null auf Hundert im Bruchteil einer Sekunde!

Wenn Sie einen solchen Hund haben, der, sobald er etwas Spannendes entdeckt hat, sofort einen spektakulären Sprint hinlegt, sollten Sie gerade in der Anfangsphase das Hauptaugenmerk auf einen sehr kleinschrittigen Aufbau des Anzeigeverhaltens und ein langsames und ruhiges Verfolgen der Fährte legen.
Die exzentrischen Starter sind auch schon vor dem Startsignal meist sehr aufgeregt und kaum ansprechbar. Es wäre daher zu Beginn des Trainings falsch, darauf zu warten, bis der Hund deutlich Kontakt mit Ihnen aufnimmt, da er es einfach nicht schaffen kann und sehr schnell Frust auf beiden Seiten der Leine aufkommen wird.
Bestätigen Sie daher im ersten Schritt schon ein ganz kurzes Verharren mit dem Startsignal und dem Verfolgen der Fährte. Grundsätzlich gilt natürlich, dass Sie im Optimalfall den Moment erwischen, in dem der Hund

12 Sollte Ihr Hund dazu neigen, sich beim Verfolgen einer Fährte mit zunehmender Dauer immer mehr hineinzusteigern, lesen Sie auch das Kapitel »Der Hochdreher«!

noch an lockerer Leine verharrt. Gerade bei den exzentrischen Startern ist dies aber ganz schwer!
Es wird Ihnen daher anfangs oft passieren, dass Sie Ihren Hund erst mit der Leine sanft abbremsen müssen, um dann auf das kurze Verharren zu warten. Achten Sie auf jeden Fall darauf, auch schon beim ersten Trainingsschritt, wenn Ihr Hund kurz stehen bleibt, die Leine zu entspannen und erst dann das Startsignal zu geben.
Beim nächsten Schritt darf der Hund schließlich loslaufen, sobald er kurz verharrt und minimal an Körperspannung verliert. Klappt dies gut, warten Sie noch etwas länger mit dem Startsignal, bis das Nachlassen der Körperspannung deutlicher passiert.
Schafft es Ihr Hund nun immer besser, entspannt(er) stehen zu bleiben (da er ja mit jeder Wiederholung lernt, dass er seiner Leidenschaft nachgehen darf, nimmt die Aufregung mit jedem Mal ab), gehen Sie wieder einen Schritt weiter und bauen das Stehenbleiben immer länger aus. Loben Sie Ihren Hund gerade in dieser Trainingsphase ausgiebig und ruhig, damit er sich leichter tut, das Verhalten immer länger zu zeigen.
Sobald Sie den Punkt erreicht haben, an dem Ihr Hund so lange stehen bleiben kann, bis Sie zu ihm aufschließen konnten, haben Sie schon viel erreicht!
Jetzt warten Sie im nächsten Schritt, sobald Sie neben Ihrem Hund stehen, noch auf ein erstes, kleinstes Anzeichen für eine Kontaktaufnahme mit Ihnen (Ohr nach hinten drehen, leichtes Kopfdrehen …), bevor Sie das Startsignal für die gemeinsame Jagd geben.
Schafft Ihr Hund das, ist es bis zum letzten Schritt, also eine deutliche Kontaktaufnahme mit Ihnen (Kopf zu Ihnen drehen), nicht mehr schwer!
Der eben erklärte Trainingsaufbau gilt vorwiegend für Wildspuren:

Trainingsschritte bei Wildspuren

Bei Wildsichtungen wird sich Ihr Hund sehr schwer tun, mit Ihnen Kontakt aufzunehmen, weil er dadurch ja den Blick vom Wild abwenden wird, also das Fixieren unterbrechen müsste. Hier ist das Endziel daher, dass Ihr Hund so lange stehen bleibt, bis Sie zu ihm aufschließen konnten, um dann mit dem Startsignal die gemeinsame Jagd zu starten:

Trainingsschritte bei Wildsichtung

Beim exzentrischen Starter erfolgt die Verfolgung der Fährte nach dem Startsignal zu Beginn zwar zügig, aber eher ruhig, also ohne zu viel Emotionalität, um den Hund nicht noch extra »hochzupushen«. Verfolgen Sie mit Ihrem Hund die Fährte dafür etwas länger, damit die Aufregung weiter nachlassen kann. Motivieren Sie Ihren Hund mit der Dauer des Verfolgens immer mehr, der Spur weiter zu folgen, und werden dann aber kurz bevor Sie die Jagd abbrechen wieder ruhiger. Der Abbruch erfolgt wie auch sonst mit viel Spannung und Begeisterung und dem Entdecken neuer Spuren.

Besonderheiten beim exzentrischen Starter

Herausarbeitung des Anzeigeverhaltens
Anfangs nur ganz kurz und erst mit nachlassender Aufregung immer länger ausbauen.

Dauer des Verfolgens der Fährte
Eher länger, damit die Aufregung nachlassen kann.

Emotionalität beim Verfolgungsbeginn der Fährte
Ruhiges Startsignal und zügiges, aber nicht zu schnelles Losstarten.

Emotionalität während der Verfolgung der Fährte
Mit der Dauer des Verfolgens immer mehr Begeisterung und kurz vor Abbruch erst ruhiger werdend.

Art und Weise des Jagdabbruchs
Normales Abbruchszenario: Spannung abbauen und mit dem Abbruch auch die Begeisterung wieder steigen lassen und zu neuen Abenteuern aufbrechen.

»Der Hochdreher«

Der »Hochdreher« steigert sich bei der Jagd immer mehr hinein, je länger er eine Spur verfolgt.

Wenn Sie einen Hund haben, der, wenn er einmal etwas entdeckt hat, kilometerweit läuft und sich von keinem Hindernis aufhalten lässt, dann können Sie beim Aufbau des Anzeigeverhaltens wie im Normalfall beschrieben vorgehen. Sie sollten die Fährte dann jedoch nur relativ kurz gemeinsam verfolgen. Feuern Sie Ihren Hund zu Beginn an und werden dann immer ruhiger und langsamer. Halten Sie schließlich ganz inne, warten, bis Ihr Hund die Leine kurz entspannt und brechen dann mit viel Lob und dem Entdecken von etwas Neuem diese Jagd ab. Wenn Sie die Fährte jedoch zu kurz verfolgt haben und Ihr Hund diese noch viel zu spannend findet, um ohne Enttäuschung etwas Neues untersuchen zu können, schicken Sie ihn nach dem Innehalten noch einmal mit ruhiger Stimme auf die spannende Spur und verfolgen Sie diese noch gemeinsam ein Stück weiter.

Das können Sie ein paar Mal wiederholen, bevor Sie die Jagd schlussendlich abbrechen und etwas Neues entdecken. So kann Ihr Hund, wenn er Probleme damit hat, sich von der Fährte zu lösen, die Spur noch über eine größere Distanz verfolgen. Durch die Unterbrechungen steigert er sich dabei aber nicht mehr weiter in die Aufregung hinein.

Besonderheiten beim Hochdreher

Herausarbeitung des Anzeigeverhaltens
Normales Anzeigeverhalten aufbauen.

Dauer des Verfolgens der Fährte
Eher kurz, damit der Hund nicht hochdreht.

Emotionalität beim Verfolgungsbeginn der Fährte
Startsignal emotional, anfeuernd.

Emotionalität während der Verfolgung der Fährte
Am Anfang schnell mit viel Animation, dann immer langsamer und ruhiger, schließlich Abbruch.

Art und Weise des Jagdabbruchs
Kurzes Innehalten, dann Abbruch mit viel Lob und zu Beginn sofort etwas Neues entdecken.

»Der Schauspieler«

Der Schauspieler ist unter den jagdbegeisterten Hunden für seinen Menschen zu Beginn am schwersten zu deuten. Doch genau deshalb schauspielert der Hund ja auch! Schließlich weiß er ganz genau, dass sein Mensch seine Jagdleidenschaft bisher als unerwünschte Eigenschaft gesehen hat und um dennoch den einen oder anderen Jagdausflug machen zu können, musste er ganz lange vorgeben, dass da gar keine frische Fährte sei, um sich dann blitzschnell aus dem Staub zu machen und die Fährte alleine verfolgen zu können.

Die Schauspieler haben also gelernt, dass sie ihre Begeisterung und Aufregung bei tollen Spuren nicht zeigen dürfen, da sie sonst mit negativen Konsequenzen rechnen müssen. Diese Konsequenzen müssen gar nicht so schlimm sein wie ein Leinenruck oder Geschimpfe, schon das Ignorieren der Interessen und des Versuchs von Seiten des Hundes, mit dem Menschen zu kommunizieren, können bei sensiblen Hunden dazu führen, dass sie die Kommunikation einstellen und unbemerkt ihren Interessen nachgehen.

Bei diesen Hunden ist der Ablauf des Trainings zu Beginn etwas anders. So muss der Hund hier erst einmal lernen, dass er Spuren verfolgen darf und dass er seinem Menschen klar erkennbar zeigen muss, wenn er etwas Spannendes gefunden hat. Hier geht es also erst einmal darum, die Emotionalität beim Hund wieder herauszuarbeiten. Jegliches Kopfdrehen, Abbremsen oder kurzfristige Ziehen an der Leine zu einer Spur hin wird sofort gelobt und das Startsignal gegeben. Gerade am Anfang wird Ihr Hund auf Ihre Aufforderung, das zu untersuchen, was er gerade mit körpersprachlichen Nuancen als interessante Spur angezeigt hat, nicht nachkommen. Oft entsteht dann der Gedanke, dass es den Hund doch gar nicht interessiert hat. Stimmt, ganz selten kann

es in einzelnen Fällen so sein, wenn der Hund gerade wirklich eine alte Spur entdeckt hat, die es zu untersuchen nicht lohnen würde. Dies ist aber nur ganz selten der Fall, meist ist der Hund verunsichert. Die Situation ist schließlich vollkommen neu für ihn: Was er früher nicht durfte, soll er auf einmal tun! Ergreifen Sie deshalb gerade zu Beginn die Initiative und machen Sie die ersten Schritte in die Richtung, in die Ihr Hund leicht an der Leine gezogen hat, den Kopf gedreht hat … Ihr Hund wird Ihnen begeistert folgen und Sie auch schon bald überholen und die Spur ein wenig offensichtlicher untersuchen und verfolgen. Er wird zusehends mehr aus seinem Schneckenhaus herauskommen und seine Aufregung über den Fund ein bisschen deutlicher zeigen. Erst wenn der Hund offen zeigt, dass er beim Fund von einer Wildspur aufgeregt ist, beginnt man wie beim exzentrischen Starter mit dem Herausarbeiten des Anzeigeverhaltens. Bis dahin bedarf es aber oft ein paar Jagd- und Abenteuerspaziergänge, bis der Hund wirklich glauben kann, dass er jetzt nicht nur jagen darf, sondern Sie sich dabei sogar für ihn freuen!
Die Schauspieler, also jene Hunde, die ihr Jagdinteresse überspielen, sind, wie bereits erwähnt, meist sehr sensible Hunde. Deshalb ist bei ihnen viel Fingerspitzengefühl gefragt, um den Mittelweg an Emotionalität zu finden, bei der man dem Hund zeigen kann, dass man seine Jagdleidenschaft als etwas Positives sieht und er dieser nachgehen darf. Denn freut man sich zu wenig, kommt der Hund nicht aus seiner Unsicherheit heraus, zeigt man zu viel Begeisterung und damit Aufregung, wird es auch wieder Stress für den Hund und er zieht sich wieder mehr zurück. Achten Sie daher gerade bei einem vorsichtigen Hund darauf, ihn nicht zu euphorisch und ohne abrupte Handbewegungen dazu aufzufordern, seinen Fund zu untersuchen. Mit schnellen Bewegungen könnten Sie Ihren Hund einschüchtern und ihm damit unabsichtlich symbolisieren, dass die Jagd noch immer tabu ist. Womit Sie ihn aber gut unterstützen können, ist ehrliches und ausgiebiges Lob. Dieses ist jetzt besonders wichtig, damit sich Ihr Hund traut, seiner Leidenschaft offenkundig nachzugehen. Kommunizieren Sie aber mit ruhiger Stimme, selbst wenn Sie gemeinsam die Fährte verfolgen: Feuern Sie Ihren Hund mit ruhiger und freundlicher Stimme an! Verfolgen Sie die Fährte ruhig etwas länger, bis Sie merken, dass Ihr Hund ein wenig offener wird und sein Spaß an der Sache zunimmt. Brechen Sie die Jagd dann aber zu einem Zeitpunkt mit Ihrem Abbruchsignal ab, wenn er an der Spur interessiert, aber noch nicht zu aufgeregt ist. Entdecken Sie daraufhin gleich wieder etwas Neues und lassen Ihren Hund daran teilhaben. Das bedeutet, dass Ihr Fokus darauf

liegen sollte, etwas zu finden und den Fund mit Ihrem Hund zu teilen nicht darauf, Ihrem Hund etwas zeigen zu wollen. Das klingt jetzt etwas seltsam, aber sobald Sie Ihrem Hund etwas zeigen möchten, bringen Sie dabei ungewollt etwas Druck hinein, was für einen sensiblen Hund Stress bedeutet. Dadurch wird es Ihr Hund eventuell nicht wagen, zu Ihnen zu kommen und sich Ihren Fund anzusehen. Umso mehr Sie Ihren Hund dann dazu auffordern, und das kann noch so freundlich sein, desto gestresster und unsicherer wird er in der Situation werden. Auch wenn Sie sich übermäßig über Ihren Fund freuen, kann es Ihnen passieren, dass sich Ihr Hund sogar aus Höflichkeit nicht nähert, denn schließlich ist es ja Ihr Fund!
Bei sensiblen und ängstlichen Hunden ist es daher beim Training wichtig, diese mit sehr viel Empathie, Ruhe und mit sanftem Lob zu unterstützen.

Besonderheiten beim Schauspieler

Herausarbeitung des Anzeigeverhaltens
Am Anfang gar nicht, der Hund muss erst einmal lernen, dass er seine Begeisterung für eine Fährte zeigen darf und soll. Später wie beim exzentrischen Starter.

Dauer des Verfolgens der Fährte
Ruhig etwas länger, damit der Hund auch merkt, dass er wirklich darf!

Emotionalität beim Verfolgungsbeginn der Fährte
Wenn der Hund ängstlich ist, nicht zu euphorisch und ohne abrupte Handbewegungen, aber natürlich mit ehrlicher Begeisterung.

Emotionalität während der Verfolgung der Fährte
Viel ruhiges Lob und zu Beginn verstärkt Initiative ergreifend.

Art und Weise des Jagdabbruchs
Kurz bevor der Hund abbricht und das mit viel Lob! Dann gleich etwas Neues finden.

8. Zusammenfassung der Trainingsschritte

In den vorangegangenen Kapiteln wurden die theoretischen Hintergründe und das JAA-Trainingskonzept im Detail erläutert. Falls Sie sich in der Anwendung nicht mehr ganz sicher beim Ablauf des Trainings sein sollten, ist es gut, einen groben Überblick zu haben. Einen solchen Überblick sollen Ihnen die nächsten Seiten bieten.

Die Grafik auf der rechten Seite zeigt den groben Ablauf des JAA-Trainings. Besonderheiten, die je nach Jagdtypus auftreten können, wurden im vorigen Kapitel genauer erläutert.

Wenn Sie sich nun die nächste Spur nicht von Ihrem Hund zeigen lassen wollen, sondern Sie die Initiative ergreifen möchten, soll Ihnen folgende Grafik einen Überblick über die einzelnen Schritte geben, die dabei beachtet werden sollten.

Sobald Sie sich auf das gemeinsame Abenteuer einlassen und dabei möglichst nach der Anleitung des JAA-Trainings vorgehen, werden Sie schon bald bemerken, dass Ihnen Ihr Hund immer mehr auch in Sachen Jagd vertraut und Ihnen dadurch Aufmerksamkeit beim Spaziergang schenken wird. Um noch ein bisschen besser zu verstehen, was Ihr Hund da gerade so genau untersucht und beschnüffelt, finden Sie im nächsten Kapitel noch ein paar typische Spuren, die Wildtiere in der Natur oft hinterlassen.

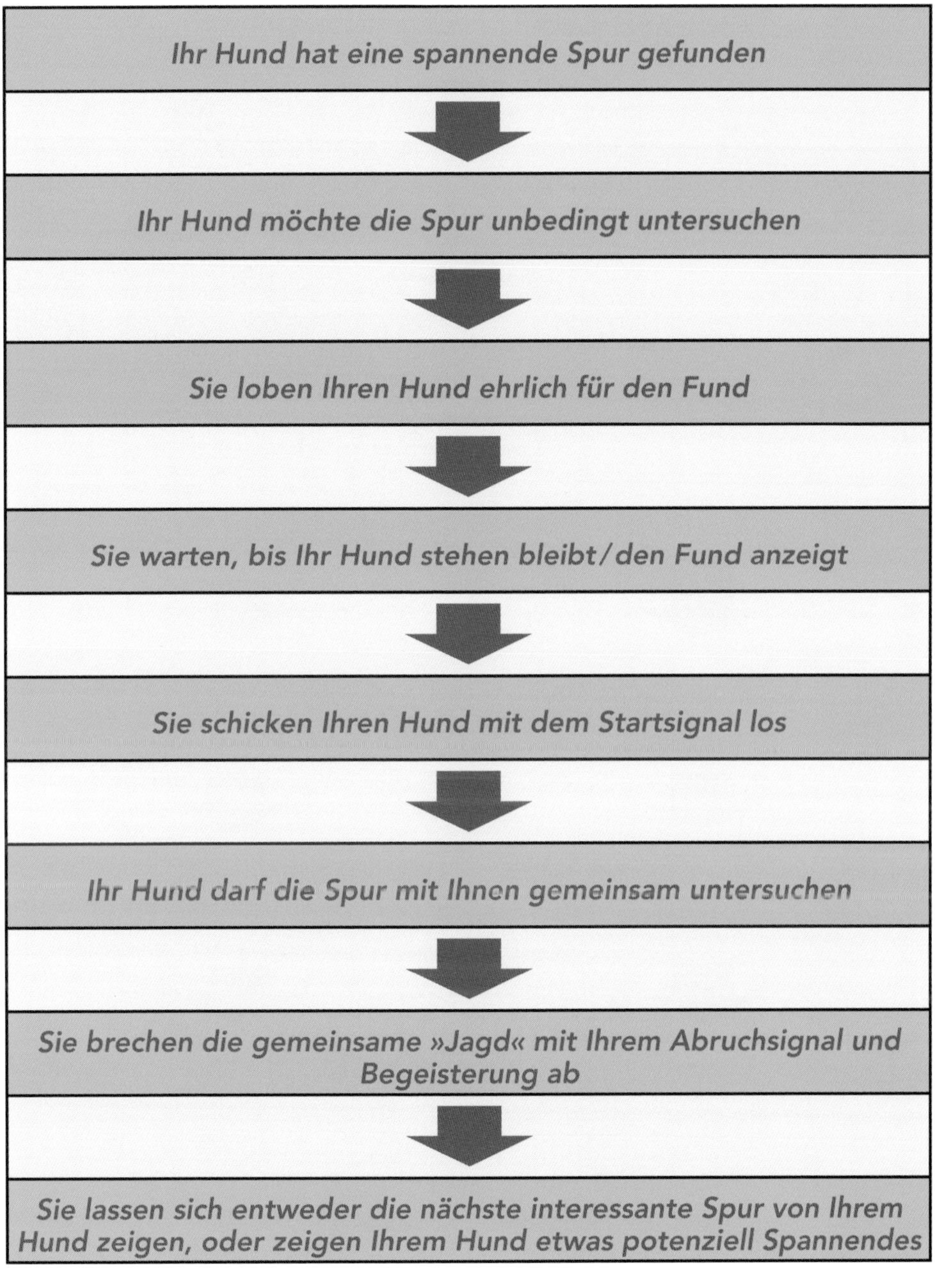

Trainingsablauf, wenn Ihr Hund eine Spur findet.

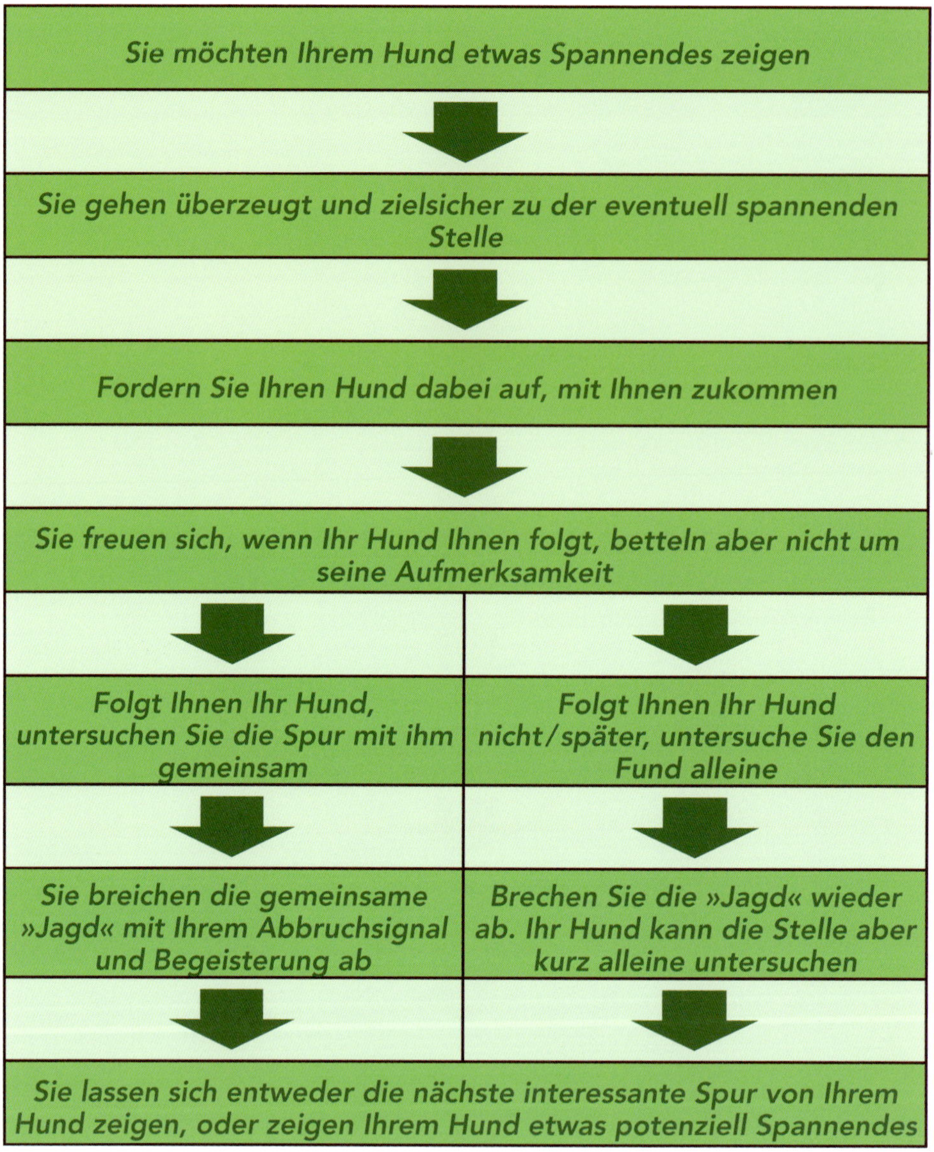

Trainingsablauf, wenn Sie eine Spur finden

9. Wildspuren erkennen und zuordnen

Für unsere Hunde sind hauptsächlich Säugetiere (Haarwild) und Vögel (Federwild) interessant, Amphibien und Reptilien begegnet man zwar auch des Öfteren, deren Spuren sind aber für Hunde selten übermäßig interessant, weshalb auf diese hier nicht näher eingegangen wird.

Trittsiegel

Wenn sich Tiere am Boden fortbewegen und der Untergrund weich ist, hinterlassen sie mit ihren Pfoten/ Hufen/ Klauen Spuren, sogenannte Trittsiegel. Diese Abdrücke, die sie hinterlassen, kann man bei genauerer Beobachtung der jeweiligen Tierart zuordnen.
Hier ein paar typische Vertreter des Schalenwilds[13]:

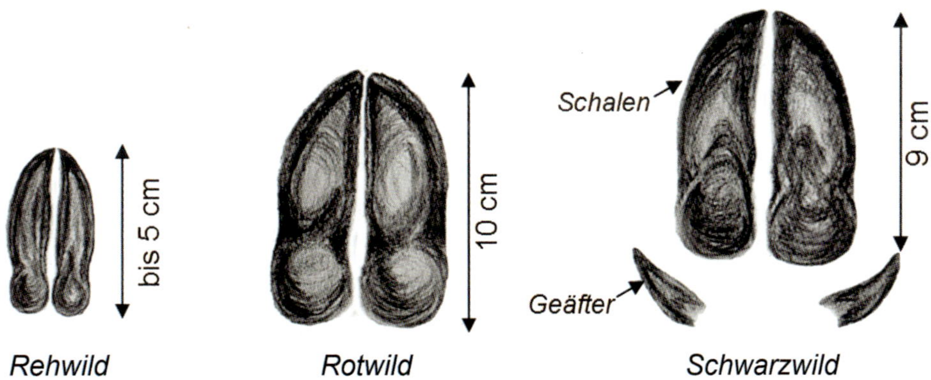

Trittsiegel von Reh-, Rot-, und Schwarzwild

13 *Schalenwild: Paarhufer wie Rothirsch, Reh, Gams oder Wildschwein. Die Klauen dieser Tiere sind in sogenannte »Schalen« zweigeteilt.*

In der Natur sind die Abdrücke meist nicht so klar erkennbar, wenn die Tiere zum Beispiel auf schlammigem Untergrund rutschen oder in der Erde ein wenig einsinken. Die Trittsiegel sind dann nicht ganz scharf abgegrenzt. Beim nächsten Foto waren Wildschweine unterwegs.

Auch wenn die Abdrücke durch den weichen Untergrund nicht ganz klar abgegrenzt sind, verraten die Geäfter (die beiden Nebenzehen an der Hinterseite jedes Fußes), dass diese Spuren von Wildschweinen stammen.

Denn wenn wie auf dem nächsten Foto, das Geäfter breiter ist als die Schalen (die beiden vorderen Hauptzehen), waren es Wildschweine:

Fährte vom Schwarzwild

Trittsiegel vom Schwarzwild

Würden die Schalen und Geäfter in etwa gleich breit sein, wäre es bei sehr weichem Untergrund oder bei der Flucht auch möglich, dass Rehe die Trittsiegel hinterlassen haben.

Die nachstehenden Abdrücke vom Rehwild sind zwar sehr deutlich, jedoch sind zwei Trittsiegel ineinander[14]. Dies ist immer dann der Fall, wenn die Tiere entspannt gehen. Sobald die Tiere laufen, setzen sie die Hinterläufe vor die Vorderläufe.

Trittsiegel vom Rehwild

14 *In der Waidmannsprache: »übertreten«*

Neben Schalenwild sind wir in Wald und Flur auch mit verschiedenen Vertretern von Haarraubwild wie Marder, Fuchs, Dachs oder Waschbär konfrontiert beziehungsweise mit Spuren von diesen. Oft wirkt es so, als würden sich die Trittsiegel zum Beispiel von Marder, Fuchs oder Dachs nur in der Größe unterscheiden, bei genauerem Hinsehen gibt es aber ein paar auffällige Unterscheidungsmerkmale. Marder und Fuchs lassen sich gut anhand der unterschiedlichen Anzahl an Zehen unterscheiden. So sieht man beim Pfotenabdruck des Marders fünf Zehen, beim Fuchs jedoch nur vier. Ist der Abdruck der Mardersohle recht verwaschen, kann man davon ausgehen, das Trittsiegel eines Baummarders und nicht das eines Steinmarders vor sich zu haben, da die Baummarder zwischen den Zehenballen stärker behaart sind.
Eine Fuchsspur von einer Hundespur zu unterscheiden, fällt da manchmal schon viel schwerer, sieht man doch bei beiden die Ballen von vier Zehen. Ein paar Unterschiede gibt es doch:
Zieht man eine Linie zwischen dem hinteren Ende der Trittballen der beiden vorderen Zehen und dem vorderen Ende der Trittballen der hinteren Zehen, so erkennt man einen Unterschied. Beim Fuchs kann man die Linie durchziehen, beim Hund schneidet die Linie die Trittballen der vorderen Zehen.

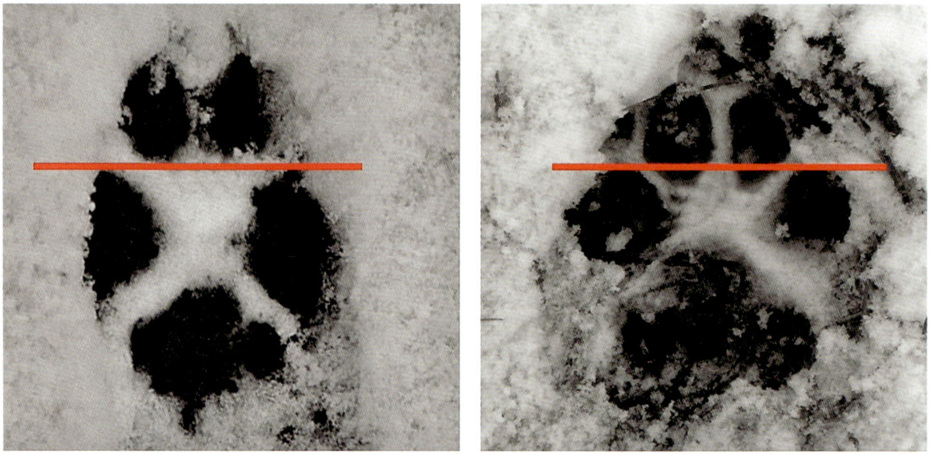

Trittsiegel von Fuchs (links) und Hund (rechts)

Außerdem ist das Trittsiegel des Fuchses ovaler als der eher runde Abdruck des Hundes. Auch ist der Zwischenraum zwischen den Zehenballen und dem Hauptballen beim Hund kleiner als beim Fuchs.

Trittsiegel vom Biber

Trittsiegel vom Dachs

Das Trittsiegel des Dachses ist abgesehen von seiner Größe von doch etwa sieben Zentimetern ganz gut durch die langen Krallenabdrücke und die Form von kleinen Kinderhänden erkennbar.

Ein Nagetier, mit dem man bei Gewässern in Kontakt kommt, ist der Biber. Bei seinen Hinterfüßen sind beim Trittsiegel die Abdrücke der Schwimmhäute gut erkennbar. Mit einer Körperlänge von bis zu einem Meter sind die Fußabdrücke der Hinterhand mit bis zu 18 Zentimetern auch ziemlich groß. Die der Vorderfüße sind mit nur etwa fünf Zentimetern wesentlich kleiner.

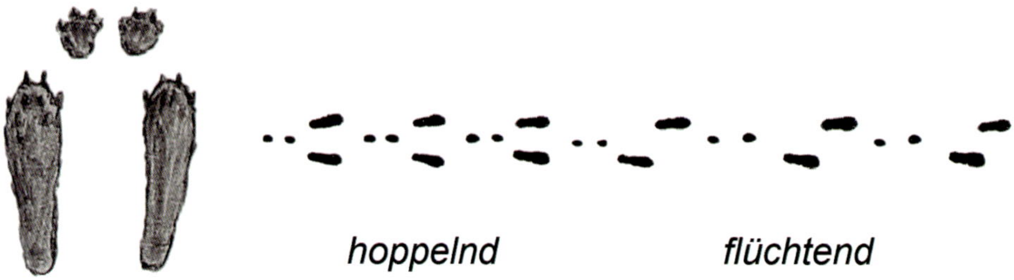

Trittsiegel und Fährte vom Feldhasen

In seiner Größe (Körperlänge von etwa 60 cm) ebenfalls nicht zu unterschätzen ist ein Vertreter der Hasenartigen: der Feldhase. Er hat schon den einen oder anderen Hundehalter ordentlich Nerven gekostet, wenn er sich regungslos an den Boden »gedrückt«und erst im letzten Moment die Flucht ergriffen hat. Sein Trittsiegel ist durch seine langen Abdrücke der Hinterfüße relativ leicht zu identifizieren. Auch wenn sich ein Feldhase fortbewegt, hinterlässt er eine charakteristische Spur. So setzt er die Hinterläufe immer nebeneinander und vor die Vorderläufe.

Losungen

Was Hunde teilweise zum Fressen gern haben, ist die Losung von verschiedenen Wildtieren. Zu genau soll hier gar nicht darauf eingegangen werden, jedoch ist es ganz gut unterscheiden zu können, ob eine Losung von einem Wiederkäuer stammt, wie etwa von einem Reh oder Hirsch, von einem Allesfresser wie dem Wildschwein oder einem Fleischfresser. Dies ist insofern wichtig, da das Wildschwein eine für den Hund tödliche Krankheit, den Aujeszkyvirus, in sich tragen kann[15]. Dieser wird hauptsächlich über Blut und Speichel übertragen, eine Aufnahme über Kot spielt für eine Ansteckung eine untergeordnete Rolle. Dennoch ist es gut zu wissen, wenn es sich bei dem Fund um die Losung von Wildschweinen handelt, um dem Bereich sicherheitshalber auszuweichen.

Losung vom Rehwild (Herbst)

Die Losung von Fleischfressern sieht für uns Menschen auf den ersten Blick oft wie der Kot von Hunden aus. Dadurch ist die Verwunderung oft groß, warum sich der Hund gerade für diesen einen »Haufen« so besonders interessiert, wenn er doch sonst an Hundekot eher angeekelt vorbeigeht. Die fälschlich einem Hund zugeordnete Hinterlassenschaft stammt dann jedoch zum Beispiel von einem Marder oder einem Fuchs und ist dadurch für den Hund ein überaus interessanter Fund. Oft beschnüffeln Hunde diese Hinterlassenschaften nicht nur überaus intensiv, sondern »parfümieren« sich mit diesen auch noch zusätzlich ein, indem sie sich in dem Kot wälzen.

Bei Wiederkäuern wie Rehen oder Hirschen[16] besteht die Losung meist aus kleinen »Kügelchen«, auch Pillen genannt.

Je nach Nahrung können diese auch miteinander verklumpt sein, wodurch sie ein wenig Ähnlichkeit mit der Losung des Wildschweines bekommen. Folgende Losung ist ebenfalls vom Rehwild.

Im Vergleich dazu lässt sich die Losung vom Wildschwein gut unterscheiden. Hier sind die einzelnen Teile, auch Kotbeeren genannt, zu einer Wurst zusammengesetzt. Diese Kotbeeren sind zum Teil weitaus größer als die Pillen vom Reh-oder Rotwild.

15 Erklärung siehe Kapitel »Gefahren«

16 Bei Hirschen mit leichter Einkerbung und Spitze (Zäpfchen und Näpfchen)

Was ebenfalls recht häufig und zum Teil mitten auf Waldwegen zu finden ist, ist die Losung des Marders[17]. Der Marder ist zwar hauptsächlich Fleischfresser, gerade im Sommer und im Herbst ernährt er sich aber auch gerne von verschiedenen Beeren, wodurch dessen Losung gerade zu diesen Jahreszeiten sehr leicht diesem kleinen und flinken Raubtier zu-

Losung vom Rehwild (Winter)

Losung vom Schwarzwild

17 *Stein- und Baummarder (echte Marder)*

geordnet werden kann. Marder sind grundsätzlich Einzelgänger und haben festgelegte Reviere, deren Grenzen sie mit dem Analdrüsensekret und ihrem Kot und Urin markieren. Das nächste Foto zeigt gleich zwei Marderlosungen nebeneinander, wobei eine älter ist als die andere. Darüber, ob die frischere Losung eine Erneuerung der Grenzmarkierung darstellt oder ob diese von einem anderen Marder stammt, der das Revier für sich zu beanspruchen versucht, kann nur spekuliert werden.

Ebenso wie Marder markieren auch Füchse ihr Streifgebiet unter anderem mit ihrem Kot. Eine Besonderheit hierbei ist, dass der Fuchs diesen dabei oft an erhöhten Stellen absetzt, etwa auf Baumstümpfen oder wie auf dem nachfolgenden Foto auf Steinen.

Zwei unterschiedlich alte Marderlosungen

Losung vom Rotfuchs

Verletzungen / Verschmutzungen an Bäumen und am Boden

Durch die Fortbewegung und verschiedene Verhaltensweisen entstehen in der Natur Verletzungen und Verschmutzungen.

Beim Spaziergang durch den Wald sieht man immer wieder Bäume oder Äste, bei denen die Rinde beschädigt ist. Gerade im Winter, wenn das Nahrungsangebot knapp ist, findet man häufig Fraßspuren an der Rinde von jungen Ästen.

Verletzungen an der Rinde von Bäumen und Sträuchern können ebenfalls entstehen, wenn sich Rehböcke oder Hirsche passende Sträucher und Bäume suchen, um die juckende, absterbende Basthaut vom Geweih zu reiben. Dabei entstehen charakteristische Verletzungen an der Rinde. Je nach Stärke des gewählten Astes/ Stammes und der Höhe der Verfegung kann man erkennen, wie groß und stark der Rehboch oder Hirsch in etwa war.

Fraßspuren vom Feldhasen

Vom Rothirsch verfegter Ast

Nachfolgende Bilder zeigen links einen Sikahirsch, dessen Geweih noch mit Basthaut überzogen ist und rechts einen, der sein Geweih schon größtenteils davon befreit hat.

Hirsch (Sikahirsch): links ist das Geweih mit Basthaut überzogen, rechts hat ein Hirsch diese bereits größtenteils abgerieben.

Auch Rehwild verfegt, jedoch sind die Spuren oft schwerer zu erkennen als etwa bei Rotwild oder Damwild, da Rehböcke viel kleiner sind und auch ein weitaus kleineres Geweih aufweisen als ein Hirsch.

Neben dem Abreiben der Basthaut ist das Markieren über Duftdrüsen, die unter anderem auf der Stirn positioniert sind, der Hauptgrund, warum Rehböcke ihr Geweih und den Stirnbereich an Bäumen und Ästen reiben. Durch das Reiben an diesen Stellen werden Duftmarkierungen auf die Bäume und Äste aufgetragen, wodurch die Tiere ihr Revier markieren.

Solche Duftdrüsen befinden sich nicht nur am Kopf der Tiere, sondern unter anderem auch zwischen den Klauen der Vorderläufe. Durch das Schlagen der Vorderläufe auf den Boden wird teilweise die Erde freigelegt und durch ein Duftsekret aus den Zwischenzehendrüsen der Einstand[18] zusätzlich markiert[19]. Die so freigelegten Stellen werden Plätzstellen genannt. Oftmals befinden sich solche in unmittelbarer Umgebung der Fegestellen.

18 Bereiche wie Dickungen, die das Schalenwild zum Schutz und Ruhen häufig aufsucht
19 Diese Form des Markierens wird auch »plätzen« genannt

Verfegung vom Rehbock

Während die Bodenverletzungen, die Rehböcke beim Plätzen verursachen, sehr gering sind, ackern Wildschweine große Flächen bei der Suche nach Futter wie Larven oder Würmern regelrecht um.

Neben regelmäßig aufgesuchten Einständen dienen auch bestellte Felder mit hohem Bewuchs Wildtieren wie dem Reh als Ruheplatz, da sie dort gut versteckt rasten können.

Ein weiteres Indiz dafür, dass in einem Bereich viel Wild unterwegs ist, sind sogenannte Wildwechsel. So verwendet eine Wildart Pfade immer wieder, wodurch diese oft deutlich ausgetreten sind und in weiterer Folge auch von anderen Tierarten genutzt werden. Solche Wechsel werden dann von Rehen, Hasen, Wildschweinen und auch Füchsen regelmäßig genutzt.

Plätzstelle

Aufgewühlter Boden durch Wildschweine

Aufgebrochener Boden durch Wildschweine

Liegeplatz in jungem Getreidefeld

Wild, insbesondere Schalenwild, geht bevorzugt ihm bekannte Wege, die im Laufe der Zeit auf dem Boden deutlich erkennbare Pfade ausbilden. Der erfahrene Förster und Jäger kann zwischen dem Rotwild- und Rehwildwechsel unterscheiden, sowie dem »Pass« von niederem Haarwild und Raubwild, den Feldhase oder Fuchs regelmäßig benutzen.

Außerdem gut zu erkennen sind sogenannte Suhlen, also Schlammstellen, die von Tierarten wie Schwarzwild oder Rotwild aufgesucht werden, um sich darin zu wälzen und so juckende Parasiten von der Haut loszuwerden. Die Suhlstelle auf dem Foto S. 164 befindet sich unmittelbar neben einer Fütterungsstelle und einige der Bäume, die sich im Umfeld der Suhle befinden, sind bis auf die Höhe von etwa 80cm mit Schlamm beschmiert.

Aufgrund des hohen Harzgehalts werden Nadelbäume wie Kiefern gerne als Malbäume genutzt. Das Harz wirkt dabei wie ein Klebstoff, an dem Schmutz und Parasiten haften bleiben. So auch die Kiefer auf dem nachstehenden Foto.

Wildwechsel

Suhle

Malbaum (Kiefer) unweit eines Gewässers

Eine andere Tierart, die Bäume oft nicht nur verletzt, sondern komplett fällt, ist der Biber. Mit seinen scharfen Schneidezähnen fällt er die Bäume einerseits, um an die Äste und Blätter als Nahrungsquelle zu kommen und andererseits, um die so gewonnenen Stämme und Äste für die Errichtung seiner Wohnbauten (Biberburg) und Dämme nutzen zu können. In einer Nacht kann ein einzelner Biber einen Stamm von bis zu 50 Zentimeter durchnagen.

Nagespuren des Bibers

Offensichtliche Spuren, die ein Tier in der Natur hinterlassen hat und ebenso dem Biber zugeordnet werden können, sind sogenannte Biberrutschen. Um ins Wasser zu gelangen oder auch wieder aus diesem herauszukommen, nutzen Biber meist die gleichen Stellen, wodurch an den Uferhängen diese charakteristischen Rutschen entstehen.

Biberrutschen

Haare und Federn

Nicht so deutlich erkennbar wie eine Suhlstelle oder eine Biberrutsche, aber ebenso interessant, sind Haare und Federn von Wildtieren.
Einzelne Federn findet man oft, wenn sie den Vögeln von selbst ausfallen. Diese riechen für Hunde meist nicht allzu spannend. Viel interessanter sind da schon Ansammlungen von vielen Federn, die zurückbleiben, wenn ein Raubvogel oder ein anderes Raubtier wie etwa ein Marder oder ein Fuchs einen Vogel erbeutet haben. Denn bevor der Vogel verspeist wird, rupft der Raubvogel diesem die meisten Federn aus. Die Federn (und Haare von anderen Kleintieren), die der Greifvogel mitfrisst, speit er dann als sogenanntes Gewölle wieder aus.

Gewölle

Raubhaarwild wie der Fuchs befreit den Vogel ebenfalls von seinen Federn, bevor er ihn frisst, jedoch rupft er ihm diese nicht aus sondern beißt sie ab. Wenn man sich also die Kiele der zurückgelassenen Federn genauer ansieht, kann man erkennen, ob hier ein Raubvogel oder ein Raubhaarwild am Werk war.

Federreste von erbeuteten Vögeln

Wenn man nicht, wie auf dem nächsten Foto, ganze Gebeine mit Fellresten findet, sind Malbäume, an denen sich die Tiere reiben, Äste bei Wildwechseln, die die Tiere beim Gehen streifen, oder auch Löcher bei Wildzäunen, durch die sich die Tiere drücken, gute Stellen, um Haare von Wildtieren wie Rehwild, Schwarzwild, Rotwild, Hasen oder Füchsen zu entdecken

Überreste von einem Reh (vermutlich Wildunfall)

Erdbauten

Ein für die Hunde meist sehr interessantes Thema sind Erdbauten. So duftet ein bewohnter Fuchsbau nur allzu gut! Eingänge zu Fuchsbauten findet man oft an Hängen aus Löss. Sobald sich lockere Erde vor dem Loch befindet, kann man davon ausgehen, dass dieser Eingang vom Fuchs aktuell genutzt wird.

Befahrener (aktuell genutzter) Eingang zu einem Fuchsbau

Weitaus größer und meist unter Wurzeln befinden sich Eingänge zu Dachsbauten. Auch bei ihnen gilt: lockere Erde vor dem Bau ist ein Zeichen dafür, dass dieser Eingang befahren, also in Verwendung ist.

Eingang zu einem Dachsbau

Viel kleiner dimensioniert, aber dafür sehr häufig und mit sehr vielen Eingängen bestückt, sind die Erdbauten von Mäusen. Gerade an Feldrändern oder auf Brachen sind sehr viele von ihnen zu finden. Doch so wie Hunde sehr gerne in den Löchern nach Mäusen graben, tun dies auch andere Tiere wie der Fuchs. Nachstehendes Foto zeigt ein Mäuseloch, an dem der Fuchs versucht hat, Beute auszugraben. Durch den Neuschnee sind neben dem Aushub die Trittsiegel des Raubtieres gut zu erkennen.

Von dem ausgegrabene Eingang zu einem Erdbau der Maus führt eine Fuchsspur weg.

Ein weiteres Beutetier des Fuchses ist das Wildkaninchen, das ebenfalls Erdbauten anlegt. Ein Kaninchenbau riecht für Hunde besonders gut, denn in dem weitläufigen Tunnelsystem lebt eine ganze Kaninchenkolonie von bis zu dreißig Tieren.

Wildkaninchenbau

10. Richtiges Verhalten in Wald und Flur

Wenn Sie nun auf den Geschmack gekommen sind, sich mit Ihrem Hund gemeinsam aufzumachen und die Natur für sich neu zu entdecken, achten Sie dabei bitte auf ein paar Dinge:

Allgemeines / Rechtliches

In Deutschland, Österreich und der Schweiz gibt es verschiedene Gesetze, die zu beachten sind, wenn Sie mit Ihrem Hund spazieren gehen und gemeinsam Spuren untersuchen möchten. Dazu zählen verschiedene Bundes- und Landesgesetze wie zum Beispiel:

- Tierschutzgesetze
- Jagdgesetze
- Forstgesetze
- Hundehaltegesetze
- Feldschutzgesetze

Im Anhang finden Sie eine Linksammlung mit Informationen zu den aktuell geltenden gesetzlichen Regelungen zu dem Thema.

Mensch und Hund harmonisch in Wald und Feld.

Das JAA-Training aus der Sicht eines Jägers

Von August Sachseneder (Jagdleiter, Jagdaufseher)

Kein Jäger möchte in die Situation kommen, einen wildernden oder revierenden Hund erschießen zu müssen, auch wenn dies nach dem Jagdgesetz sogar teilweise gefordert wäre. Als Jäger weiß man aber, welche gravierenden Auswirkungen ein wildernder Hund auf die Wildtiere haben kann. Denn auch wenn der wildernde Hund das Reh vielleicht nicht erwischt, kann es elendig zugrunde gehen, wenn es sich bei der Flucht in einem Zaun verhängt. Hochträchtige Tiere können auch durch den Stress und die Strapazen eine Fehlgeburt erleiden. Wenn wir Jäger dann gerissene Tiere oder im Zaun verhängte finden, tut uns der Anblick fürchterlich weh. Entsprechend ist die Jägerschaft für jeden Hundehalter dankbar, der daran arbeitet, dass sein Hund keine Gefahr für Wildtiere darstellt, so wie das beim JAA - Training geschieht. Dieses Trainingskonzept hat für mich einen besonderen Wert, da es viel mehr bewirkt, als dass »nur« mit dem Hund gemeinsam daran gearbeitet wird, dass er nicht mehr alleine auf die Jagd geht. Mir geht es vielmehr darum, dass dadurch auch das Umweltbewusstsein der Hundehalter gestärkt wird und sich dementsprechend auch das Umweltverhalten ändert. Denn setzt sich ein Hundehalter mit Dingen wie Wildspuren, Brut- und Setzzeiten oder Wildruhebereichen auseinander, geht er viel respektvoller mit der Natur um. Er erkennt auch viel besser, welche Auswirkungen ein wildernder Hund auf die Wildtiere haben kann. Auch beschäftigt er sich viel intensiver mit seinem Hund und dessen Jagdleidenschaft. Hundehalter lernen durch das JAA- Training, ihren Hund besser zu lesen und können so schon frühzeitig erkennen, wenn er eine frische Fährte entdeckt hat. Wenn ein Hundehalter seinen Hund diesbezüglich zu lesen und ihm zu vertrauen gelernt hat, sehe ich auch kein Problem darin, wenn er mit seinem angeleinten Hund Spuren untersucht. Denn wenn der Hundehalter erkennt, ob sich das Wildtier, das sein Hund gerade anzeigt, in unmittelbarer Nähe oder weiter weg befindet, kann er dementsprechend handeln. So wird er mit seinem Hund die Spur je nach Nähe des Wildtieres nur so weit verfolgen, dass sicher kein Wildtier beunruhigt wird oder gar zu Schaden kommt. Das ist mir viel lieber, als wenn der Hund frei durch den Wald läuft und unkontrolliert

Wild aufstöbert und hetzt! Zusätzlich ist es ja so, dass der Hundehalter, wenn er sich mehr damit beschäftigt, Wildspuren auf und direkt neben den Wegen und Straßen findet. Er muss dadurch nicht quer durch den Wald, um mit seinem Hund zu jagen. Das macht es möglich, dass der Hundehalter auf und unmittelbar neben dem Weg mit seinem Hund gemeinsam kontrolliert und umweltverträglich jagen kann, was für die Jägerschaft einen wichtigen Beitrag zum Schutz der Wildtiere und zur Senkung der Nutzungskonflikte darstellt.

Sperrgebiete / Warnhinweise

Achten Sie auf Warnhinweise und Sperrgebiete. So sind ausgelegte Tollwutköder und genehmigte Fallen durch Warnhinweise kenntlich gemacht. Auch, wenn Treibjagden stattfinden, ist dies ausgewiesen. Waldarbeiten werden ebenfalls durch Warntafeln angekündigt. Betreten Sie solche Sperrgebiete keinesfalls! Bei jagdlichen Sperrgebieten besteht neben der Gefahr, von einem Projektil getroffen zu werden, auch die Möglichkeit, von einem panisch flüchtenden Wildtier schwer verletzt zu werden. Auch bei forstlichen Sperrgebieten besteht große Gefahr durch Holzfällarbeiten für Sie und Ihren Hund!

Hinweisschilder für befristete forstliche und jagdliche Sperrgebiete in Niederösterreich

Fütterungsstellen, Wildruhebereiche und Schutzzonen

Ähnlich wie bei Sperrgebieten verhält es sich mit Fütterungsstellen, die sich öfters direkt neben Forstwegen befinden. Gehen Sie aber bitte nicht zu der Fütterungsstelle hin. Wenn diese Fütterungsbereiche ständig gestört werden, meiden die Wildtiere diese und suchen daraufhin andere Futterquellen wie Felder oder Weingärten auf, was große Wildschäden bedingen kann.

Gut besuchte Fütterungsstelle

Wildruhebereiche sind manchmal besonders gekennzeichnet. In diesen Bereichen soll das Wild keine Störung durch Menschen erfahren und Jungtiere in Ruhe aufziehen können.

Hinweisschilder für Wildruhezone und Vogelschutzzone (Niederösterreich)

Flüsse und Bäche laden natürlich zum Plantschen ein. Im Uferbereich befinden sich jedoch Brutstätten von verschiedenen Wildvogelarten. In manchen Bereichen, besonders in Naturschutzgebieten, sind die Brutbereiche von bedrohten Vogelarten extra gekennzeichnet. Sie dürfen nicht betreten werden, da sonst die Gelege der Vögel zerstört werden können.

Aktivitätszeiten der Wildtiere

Wenn Sie es sich zeitlich einteilen können, gehen Sie nicht gerade in der Morgen- oder Abenddämmerungszeit spazieren. Zu dieser Zeit sind die meisten Wildtiere am aktivsten und umso weniger sie da gestört werden, desto besser ist es natürlich. Im Normalfall flüchten erwachsene Wildtiere, wenn ihnen eine potenzielle Gefahr wie Menschen oder Hunde näher kommt. Seien Sie daher bei ausgewachsenen Tieren, die nicht die Flucht vor Ihnen ergreifen, vorsichtig, lassen Sie Ihren Hund nicht in dessen Nähe und rufen Sie den zuständigen Jagdaufseher (wird von der Polizei verständigt). Trächtige und brütende Tiere sollten besonders in Ruhe gelassen werden. In Panik flüchtende Tiere können eine Fehlgeburt erleiden und wenn Vögel ihre Nester zu lange verlassen, können die Embryonen in den Eiern absterben.

Sobald im Sommer die Jungtiere auf der Welt sind, ist ebenso größere Vorsicht geboten, da diese oft nicht flüchten. Fassen Sie Jungtiere bitte nicht an! Auch, wenn es so wirkt, als wären die Kleinen ganz verlassen: Die Mutter kommt oft nur ein paar Mal am Tag zu ihrem Nachwuchs. Sollte ein Tier krank wirken, dann benachrichtigen Sie bitte den Jagdaufseher!

Folgende Tabelle soll Ihnen einen Überblick über die Aktivitätszeit, sowie Paarungszeit, Brut-/ Tragzeit und Setzzeit der einzelnen Wildtierarten geben:

Tierart	Aktivitätszeit	Paarungszeit	Trag-/Brutzeit	Setzzeit
Rotwild	Tag & Nacht	Sept-Okt	8,5 Monate	Mai-Jun
Rehwild	Tag & Nacht	Jul-Aug	10,5 Monate	Mai-Jun
Schwarzwild	Tag & Nacht	Nov-Feb	4 Monate	Mai-Jun
Fuchs	Tag & Nacht	Jan-Feb	2 Monate	Mär-Apr
Dachs	Nacht	Jul-Aug	1,5 Monate	Mär-Apr
Marder	Nacht	Jul-Aug	9 Monate	Apr-Mai
Biber	Tag & Nacht	Feb-Mär	3,5 Monate	Mai-Jun
Feldhase	Tag & Nacht	Jan-Aug	1,5 Monate	Mär-Okt
Fasan	Tag	Apr-Jun	1 Monate	Mai-Jul
Rebhuhn	Tag	Feb-Mär	1 Monate	Mär-Apr

Übersicht über Aktivitätszeit, Paarungszeit, Brut-/ Tragzeit und Setzzeit verschiedener Wildtierarten

Gefahren

Für Mensch und Hund gefährlich können Zeckenbisse werden, wenn die Zecke Überträger von verschiedenen Krankheiten ist. Sobald sich um die Stelle, an der sie sich festgebissen hatte, ein roter Kreis auf der Haut bildet, sollten Sie unbedingt einen Arzt aufsuchen.

Unscheinbar wirkend, aber oft gefährlich sind die Grannen der Mäusegerste (Hordeum murinum) für Hunde. Diese haben auf den Grannenhaaren feine Widerhaken, mit denen sich diese erst im Fell verhaken, dann aber auch unter die Haut weiterwandern können. Besonders in die Pfoten, aber auch in Ohr, Nase und Auge verirren sich die Grannen gerne und müssen oft unter Narkose operativ entfernt werden.

Wildschweine flüchten grundsätzlich, wenn eine Bache jedoch Frischlinge hat, kann es auch passieren, dass sie diese verteidigt. Eine weitere Gefahr, die von Wildschweinen ausgeht, ist der Aujeszkyvirus. Wildschweine sind der Hauptwirt dieses Herpesvirus. Frischlinge verenden bei Ansteckung meistens, erwachsene Tiere überleben diese im Normalfall, sind jedoch lebenslang Träger des Virus. Menschen sind für den Virus nicht empfänglich, Hunde jedoch sterben nach Kontakt mit Blut oder Speichel von infizierten Wildschweinen.

Verkehrsschild in Kroatien, das auf verstärktes Vorkommen von Schwarzwild hinweist

Für kleine Hunde können Fuchs- und Dachsbauten zur Gefahr werden. Bei unbefahrenen, also ungenutzte Bauten besteht die Gefahr, dass die Hunde hinein klettern, dann aber nicht mehr heraus können. Bei befahrenen, also aktiv genutzten Bauten, kommt zusätzlich die Verletzungsgefahr durch sich verteidigende Füchse und Dachse hinzu.

Ein unbefahrener (nicht mehr genutzter) Fuchsbau.

Über die Autorin

Ich, Diplom-Ingenieurin Florin Hirnschall, wurde 1986 in Horn in Niederösterreich geboren und bin am Stadtrand von Krems an der Donau mit Hunden, Katzen, Kaninchen, Hühnern und anderen Tieren aufgewachsen. Nach Absolvierung des Masterstudiums für Landschaftsplanung mit Hauptaugenmerk auf Naturschutz- und Erholungsplanung in Wien habe ich zwei Jahre lang an der Universität für Bodenkultur in Wien am Institut für Naturschutz- und Erholungsplanung bei diversen Projekten und Publikationen mitgearbeitet. Dementsprechend bin ich mit den Konflikten, die zwischen dem Naturschutz und Erholungsnutzern auftreten sowie mit einer wissenschaftlich fundierten Arbeitsweise vertraut.

Mit Ende des Studiums zogen auch meine ersten eigenen Hunde, Border Terrier Elliot und Hollandse Herder Dexter, bei mir ein, die beide von Anfang an ein sehr großes jagdliches Interesse zeigten.

Zur selben Zeit begann ich mich bei einem Verein für Hundetraining ehrenamtlich zu engagieren, absolvierte eine einjährige Tiertrainerausbildung und arbeite seit 2015 hauptberuflich im Bereich Hundetraining. Aktuell darf ich mein Leben mit drei Border Terriern als treue Begleiter und tolle Lehrmeister im Alltag und bei der Jagd teilen.

Inzwischen arbeite seit fast acht Jahren als Hundetrainerin und konnte in vielen von mir gehaltenen Workshops und Kursen zu dem Thema mit mittlerweile weit mehr als hundert Hundehaltern arbeiten. Mir sind also die Herausforderungen gut bewusst, mit denen Hundehalter von jagenden Hunden zu kämpfen haben. Auch habe ich durch meinen Lebensgefährten, einen staatlich geprüften Jagdaufseher, einen Einblick in die Schwierigkeiten gewonnen, die die Jägerschaft durch Wild hetzende Hunde hat. Meine Nähe zur Natur und zu Hunden von Kindheit an sowie meine eigenen Hunde und die vielen Hunde von Kunden, die nach meinem Konzept ausgebildet wurden und werden, haben es mir ermöglicht, viele Erfahrung zu sammeln und für das jeweilige Mensch- Hund- Team individuelle Lösungsansätze zu finden.

Mein besonderes Anliegen war deshalb die Entwicklung des in diesem Buch vorgestellten Trainingskonzepts, das alle Interessen, also die von Naturschutz, Jägerschaft, Hundehaltern und jagdbegeisterten Hunden berücksichtigt.

Index

M

N

O

P

R

S

T

V

W

Z

Literatur

ASKEW, H. R. (1997). *Behandlung von Verhaltensproblemen bei Hund und Katze.* Parey Buchverlag, Berlin.

BAILEY B., 2002, "You Get What You Reinforce, Not What You (Necessarily) Want", in: *Clicker Solutions Training Articles* http://www.clickersolutions.com/articles/2002/whatyouwant.htm, letzter Zugriff April 2017.

BEKOFF M., 2008, *The Emotional Lives of Animals: A Leading Scientist Explores Animal Joy, Sorrow, and Empathy - and Why They Matter*, New World Library.

COPPINGER R. & COPPINGER L., 2001, *Hunde- Neue Erkenntnisse über Herkunft, Verhalten und Evolution der Kaniden*, Animal Learn Verlag.

DARWIN C., (1868). *The Variation of Animals and Plants under Domestication*, John Murray; London.

DÜSING R., 2008, „Oxytocin, Cortisol & Stress - Kognitive Funktionen des Selbst", Diplomarbeit im Fachbereich Humanwissenschaften / Psychologie der Universität Osnabrück, http://cogsci.uni-osnabrueck.de/~rduesing/Diplom.pdf, letzter Zugriff Januar 2016.

DEGERBOL, M., 1933, "Danmarks Pattedyr i Fortiden i Samenligning med recente Former", in: *Vidensk. MeddDansk naturh.* Foren, Kopenhagen, 96 (2).

FRIEDRICH U., DURM- SCHNEK C., POPIC S., 2014, *Antijagdtraining*, Müller Rüschlikon Verlag, Stuttgart.

GANSLOßER U. et al., 2014, *... und weg ist er! Jagdverhalten und mögliche Alternativen*, Filander Verlag GmbH, Erlangen.

GERRIG R. J. & ZIMBARDO P. G., 2008, *Psychologie*, Pearson Deutschland GmbH, München

HARE, B., BROWN, M., WILLIAMS, C. & TOMASELLO, M. 2002. "The domestication of social cognition in dogs", in: *Science*, 298, 1634–1636.

HEIß U., 2009, *Die Schweißarbeit in der Jagdhundprüfung- Theorie und Praxis*, Franckh-Kosmos Verlag, Stuttgart.

JUNG C. & PÖRTL D., 2015, *Tierisch beste Freunde, Mensch und Hund- von Streicheln, Stress und Oxytocin*, Schattauer GmbH, Stuttgart.

KOLER- MATZNICK J., 2002, "The Origin of the Dog", in: *Revisited, Anthrozoös* 15(2): 98 - 118.

KRIEBEL H.- J., 2010, *Wie lerne ich Spurenlesen?,* Books on Demand GmbH, Norderstedt.

LEHNE A., 2012, *Zeitgemäße Jagdhundeführung: Im Alltag und im Revier*, Oertel & Spörer.

LORENZ Konrad, 1960, *So kam der Mensch auf den Hund*, Verlag Dr. G. Borotha-Schoeler, Wien.

MANWELL C. & BAKER A., 1984, "Domestikation of the dog: hunter, food, bed-warmer or emotional object?", in: *Z. Tierzüchtg. Züchtungsbiol.* 101: 241- 256.

MARSHALL- PESCINI S., PASSALACQUA C., MILETTO PETRAZZINI M.E., VALSECCHI P., PRATO- PREVIDE E., 2012, "Do Dogs (Canis lupus familiaris) Make Counterproductive Choices Because They Are Sensitive to Human Ostensive Cues?" in: *PLoS ONE* 7(4): e35437. doi:10.1371/journal.pone.0035437.

MEGGITT, M.J., 1965, "The Association between Australian Aborigines and Dingoes" in: Leeds A. and Vayada A.P. (Eds.) *Man, Culture and Animals: The Role of Animals in Human Ecological Adjustments, American Association for the Advancement of Science*, Washington pp. 7-26.

MIKLÓSI Á, 2011, *Hunde - Evolution, Kognition und Verhalten*, Franckh-Kosmos Verlag.

OHNESORGE G. & UHLENHAUT K., 2012, *Tierspuren und Fährten erkennen und bestimmen*, Bassermann Verlag, München.

PFUNGST, O., 1907, *Das Pferd des Herrn von Osten (Der kluge Hans). Ein Beitrag zur experimentellen Tier- und Menschen Psychologie* (2. Aufl. 1983 m. Titel). Frankfurt: Fachbuchhandlung für Psychologie.

PODBERSCEK A. L., 2007, „Dogs and cats as food in Asia", in: *Encyclopedia of Human-Animal Relationships*, Vol. 1, 24-34, ed. M. Bekoff. Portsmouth, NH: Greenwood Press.

PRICE E., 1984, "Behavioral aspects of animal domestication", in: *Quarterly Review of Biology*. 59: 1–32.

PRIEN S., 1997, *Wildschäden im Wald- Ökologische Grundlagen und integrierte Schutzmaßnahmen*, Prey Buchverlag Berlin.

RÄBER H, 2007, *Enzyklopädie der Jagdhunde*, Franckh-Kosmos Verlag.

ROOSE R. & BACHMANN W., 2004, *Erfolgreich jagen und hegen- Das Handbuch für den Praktiker*, Verlagsgruppe Weltbild GmbH, Augsburg.

ROSENTHAL, R., & LAWSON, R. 1964, "A longitudinal study of the effects of experimenter bias on the operant learning of laboratory rats", in: *Journal of Psychiatric Research*, 1964, 2, 61-72.

SEIBT S., 2014, *Grundwissen Jägerprüfung - Das Standardwerk zum Jagdschein*, Franckh-Kosmos Verlag, Stuttgart.

STERNATH M. (Hrsg.), 2014, *Der Jagdprüfungsbehelf für Jungjäger und Jagdaufseher*, Österreichischer Jagd- und Fischerei- Verlag, Wien.

SZETEI V., MIKLÓSI Á., TOPÁL J., CSÁNYI V., 2003, "When dogs seem to lose their nose: an investigation on the use of visual and olfactory cues in communicative context between dog and owner", in: *Appl Anim Behav Sci* 83: 141–152.

ULLRICH A. & GRÖNING P., 2015, *Antijagdtraining- Wie man Hunde vom Jagen abhält,* MenschHund! Verlag.

ZEUNER F. E., 1967, *Geschichte der Haustiere*, BLV Bayerischer Landwirtschaftsverlag.

ZIMEN E., 1992, *Der Hund, Abstammung- Verhalten- Mensch und Hund*, Goldmann Verlag, München.

Service

Linksammlung mit Informationen zu den geltenden Gesetzen bezüglich Hunderecht und Waldnutzung/ Betretungsrecht.

Deutschland:

Hunderecht:
http://leinenpflicht.com
http://hundeschau.com/haltung/hilfe-rat/leinenpflicht-in-deutschland/
https://totehunde.de/leinenpflicht-in-deutschland/
https://www.kanzlei-sbeaucamp.de/leinenpflicht-in-deutschland/

Betretungsrecht, Waldnutzung:
http://www.naturschutzrecht-online.de/naturschutzrecht/erholung/4-inhalt-und-grenzen-des-betretungsrechts
https://www.waldwissen.net/wald/erholung/wsl_recht_erholung/index_DE

Schweiz:

Hunderecht:
https://www.tierimrecht.org/de/recht/hunderecht/

Waldnutzung: https://www.waldschweiz.ch/fileadmin/user_upload/user_upload/Wissen/Waldfunktionen/Freizeit_und_Erholung_im_Wald.pdf (Seite 34-36)
https://www.waldwissen.net/wald/erholung/wsl_recht_erholung/index_DE

Österreich:

Hunderecht:
https://www.austria.info/de/service-fakten/praktische-hinweise/einreise-von-haustieren
https://www.help.gv.at/Portal.Node/hlpd/public/content/74/Seite.741010.html

Hunderecht Überblick Gemeinden: https://www.help.gv.at/Portal.Node/hlpd/public/content/312/Seite.3120000.html

Nutzung Wald:
https://www.bmlfuw.gv.at/forst/wald-gesellschaft/verhalten_wald/betreten-wald.html
https://www.waldwissen.net/wald/erholung/wsl_recht_erholung/index_DE

Eine Zusammenstellung von Auszügen aus den wichtigsten Jagd- und Waldgesetzen aus Deutschland, Österreich und der Schweiz, die das Betreten des Waldes regeln sowie weiterführende Links dazu finden Sie unter www.kynos-verlag.de unter Aktuelles & Service

Das könnte Sie auch interessieren:

Sabrina Reichel

Die unsichtbare Leine

Positives Freilauftraining für Hunde

Den Hund von der Leine lassen zu können, ohne sich Sorgen machen zu müssen – davon träumt jeder Hundebesitzer. Wie man diese „unsichtbare Leine" aufbaut, zeigt dieser Ratgeber in praktischen Trainingsschritten.

Paperback, 120 Seiten,
durchgehend farbig mit Fotos u. Zeichnungen

ISBN 978-3-95464-100-0
Preis: 16,95 EUR

Jeff Schettler

K.9 Trailing

Professionelle Personensuche mit Hund

Trailing oder „Mantrailing",
die Personensuche mit Hund, gehört in Europa zu den neueren Unterdisziplinen der Polizei- und Rettungshundearbeit. Jeff Schettler, langjähriger Diensthundeführer der kalifornischen Polizei und Mitglied einer FBI-Spezialeinheit, berichtet in diesem praktischen Buch aus seinem reichen Erfahrungsschatz und gibt wertvolle Tipps.

Flexicover, 240 Seiten,
durchgehend farbig

ISBN 978-3-95464-018-8

Preis: 29,95 EUR

Alexandra Horowitz

Hund-Nase-Mensch

Wie der Geruchssinn unser Leben beeinflusst

Hunde definieren die Welt zu einem großen Teil über die Nase – eine Fähigkeit, die auch wir Menschen einst hatten, aber mangels Übung fast verlernt haben. Neugierig auf der Suche nach einer Antwort auf die Frage ...

Hardcover, 344 Seiten

ISBN 978-3-95464-152-9
Preis: 19,95 EUR

Prof. Dr. Frank Rosell

Die Welt der Gerüche

Spezial-Spürhunde im Einsatz

Die Nase von Hunden ist bis zu 100 Millionen Mal empfindlicher als die von Menschen. Professor Dr. Frank Rosell stellt uns zu den »normalen Spürhunden« ungewöhnliche Talente vor, wie z.B. die Biberhunde Mie und Tapas und den Labrador Tucker, der die Ausscheidungen von Killerwalen aufspürt.

Hardcover, 336 Seiten, durchgehend farbig

ISBN 978-3-95464-133-8
Preis: 24,95 EUR

www.kynos-verlag.de